装配整体式混凝土结构
施工质量标准化与质量预控

李 峰 李 宁 董新军 编著

中国建筑工业出版社

图书在版编目（CIP）数据

装配整体式混凝土结构施工质量标准化与质量预控/
李峰，李宁，董新军编著. —北京：中国建筑工业出版
社，2022.12
ISBN 978-7-112-28072-8

Ⅰ.①装… Ⅱ.①李…②李…③董… Ⅲ.①装配式
混凝土结构-混凝土施工-工程质量-质量管理 Ⅳ.
①TU755

中国版本图书馆 CIP 数据核字（2022）第 200971 号

　　本书基于装配式混凝土结构的施工实践，从施工质量控制的角度出发，概
述了装配式建筑结构体系，总结了装配整体式混凝土结构的技术特性及其施工
过程的质量标准化，通过分析施工过程各阶段普遍性的质量通病及其影响因
素，进而提出了相应的预控防治措施，展望了装配式结构施工质量的数字信息
化管控。本书内容包括：装配式建筑结构概述、装配整体式混凝土结构技术特
征、装配整体式结构施工质量标准化、装配式结构施工质量通病与预控、装配
整体式结构施工质量试验检验、装配式结构施工质量验收、装配式结构施工质
量的数字信息化展望。

　　本书内容具有较强的实用性和指导性，对于装配式混凝土结构施工质量的
管控具有指导作用，可供装配式建筑结构从业人员、高校师生学习、参考。

责任编辑：王华月　张　磊
责任校对：赵　菲

装配整体式混凝土结构
施工质量标准化与质量预控
李　峰　李　宁　董新军　编著

*
中国建筑工业出版社出版、发行（北京海淀三里河路 9 号）
各地新华书店、建筑书店经销
北京科地亚盟排版公司制版
北京云浩印刷有限责任公司印刷
*
开本：787 毫米×1092 毫米　1/16　印张：11¼　字数：172 千字
2023 年 2 月第一版　　2023 年 2 月第一次印刷
定价：58.00 元
ISBN 978-7-112-28072-8
（40226）

序

——关于装配化发展的全面思维与关键问题思考

一、为什么要发展装配式

中共中央、国务院印发的《关于进一步加强城市规划建设管理工作的若干意见》中提到大力推广装配式建筑。这需要从国家战略层面认真回答两个深刻问题，即中国为什么要发展装配式建筑和如何发展装配式建筑。我国现有的传统技术虽然对城乡建设快速发展贡献很大，但弊端亦十分突出，必须加快转型，大力发展装配式建筑。

二、城市政府的作用

全面推广装配式建筑，上海市引领了发展方向。概括上海市政府的主要做法就是倒逼机制＋鼓励和示范，其成功经验就是真明白、真想干、真会干，根本原因就是市委市政府决策领导有把发展装配式建筑这件大事做好的坚定意志。为此，我们于 2017 年对上海市做了专题调研，发表了《上海市引领全国装配式建筑发展的成功经验和根本原因》的调研报告。各城市人民政府贯彻落实以上文件精神让政策真正落地是装配式建筑发展是否成功的关键所在。上海市通过政府引导、市场主导，各方主体参与，全面推动装配式建筑发展，在全国处于领先地位。上海市政府规定，从 2016 年起，外环线以内新建民用建筑应全部采用装配式建筑；外环线以外不少于 50％，并逐年增加。这是目前各地推广政策中要求最高的。上海市将装配式建筑作为提升城市发展品质和建筑业转型升级的重要工作。发展装配式建筑，人民群众得到的最直接的实惠和好处是得房率实实在在提高了（1％～3％），房屋质量比传统技术明显提高了，据上海市的开发企业反映，装配式建筑的报修率比传统技术大幅度降低，开裂渗漏等质量通病基本上得到解决。在"倒逼机制"和"奖励机制"共同作用下，开发商由原来的普遍抵触变为积极推广,努力探讨什么样的装配式建筑更好、更省、更快。设计院不断深化设计能力,研究什么样的装配式建筑更能符合市场需要。施工单位不断加大技术研发和资金投入,提升装配式建造的水平,向装配式建筑全产业链发展。

三、建筑产业当如何发展装配式建筑

建筑业企业家要回答好四个问题,第一,你到底要不要发展装配式?第二,你准备发展什么样的装配式?有 PC 装配式、传统钢结构装配式以及全钢结构全装配式,即使是 PC,又有 1.0 版(即现浇剪力墙+3 板 PC 结合套筒灌浆技术)、2.0 版(即预制剪力墙+3 板 PC 结合套筒灌浆技术)、3.0 版(即预制剪力墙+3 板 PC 结合"后浇带原理"的连结技术)、4.0 版(模块化装配式)。第三,你准备以哪个城市为中心发展装配式?装配式是有运输半径的,PC 的运输半径也就是 150~300km,钢结构的运输半径约 300~500km,任何企业都不可能包打天下,只能是抢抓重点城市,下围棋抢点。现在大家都在抢点布局。第四,怎样更好地发展装配式?现在很多城市政府很积极,希望你把装配式生产基地落到他那个城市来,以增加该城市的 GDP、税收和劳动力就业,会给你土地优惠、税收优惠、保障房给你下订单,还会给你企业一定的人才公寓指标。更有甚者,一些城市还同意配套基地建设给你一块商业用地,希望你尽快建成 2~3 栋新型装配式建筑的商业示范出来,以起到观摩、推广的作用。此等利好吸引了一些开发商主动上门来求合作,并愿意共同投资基地,效果好的话他们还愿意下订单。机电和装饰装修企业也积极跟进,形成装配式的产业链。如此,一盘大棋就下活了,一个产业联盟就形成了。所以说,装配式进一步发展,一定是产业联盟的发展,一定是产业联盟与产业联盟之间的竞争。

四、发展装配式要把握的重点和关键

我们说未来已来,实际上是说转型升级与科技跨越双重叠加同步到来。我们分析判断,突出体现在装配式+BIM、装配式+EPC、装配式+超低能耗这"三个绝配"上。(1)装配式+BIM。青岛国际会

议中心项目采用全钢结构全装配式，结构—机电—装修全装配式仅仅六个月就又好、又省、又快建成了。他们由衷地感慨，没有 BIM 根本无法实现。所有的装配式部品部件，什么时候下订单、什么时候上生产线、什么时候打包运输、什么时候到现场、谁来安装、谁来验收等，全靠 BIM 大数据。（2）装配式＋EPC。真正推动装配式发展，没有 EPC 是难以实现更好、更省、更快的，所以一定要突出 EPC，这方面中建科技创造了很好的装配式＋EPC 的经验，做到 EPC 下的装配式更好、更省、更快。（3）装配式＋超低能耗。今后超低能耗被动式在我们国家将有广阔的发展空间。下一步，装配式＋AI 智慧建造将是一个新的广阔领域，每年 28 万多项新开工项目和 29 万多亿总产值的产业场景全面实现智慧化（包括工厂智慧化、现场智慧化），这是多么巨大的蓝海，将极大地提升建筑产业的科技水平。正如习近平总书记所指出的，"中国制造、中国创造、中国建造共同发力，继续改变着中国的面貌"。

以上，我们所研讨的是装配化发展的全面思维。装配化发展是一个全新的产业链，千里之行始于足下，现阶段，装配化发展的重要方面还是 PC 装配式，无论是 1.0 版，还是 2.0 版或是 3.0 版，亦或是 4.0 版，包括结构—机电—装饰装修全装配化，基础的基础，还是 PC 结构体系装配化，关键问题还是结构体系的质量控制问题。

中国建筑第二工程局有限公司李峰博士，基于长期对 PC 装配化结构体系的质量控制问题研究，特别是基于工程实践的系统总结和分析提升，归纳出 PC 装配化的技术特征，探索其质量关键问题，提出了独到的防治措施建议。中国建筑工业出版社即将出版李峰博士的研究成果《装配整体式混凝土结构施工质量标准化与质量预控》一书。该书比较全面地介绍了装配整体式混凝土结构体系的特征、力学性能、剪力墙结构施工的技术特点、转换层施工要点、装配整体式结构体系预制剪力墙的施工质量通病与预控措施，以及预制保温墙板、预制楼板质量控制措施，还介绍了装配式整体式结构体系性能检验要点和质量验收检测要点。同时，该书还介绍了装配整体式结构体系质量控制＋BIM 全面应用的实践，以及在此基础上＋质量检验现场二维码技术应用＋质量控制区块链技术应用＋质量控制数字孪生技术应用的实践。应当说，该书是 PC 装配化建筑结构体系施工质量控制方面比较全面也比较系统且富有创新实践的一部专著，值得广大的工程技术人员特别是专门从事 PC 装配化结构体系质量控制的专业同志参考与借鉴。

（住房和城乡建设部原总工程师、办公厅主任兼新闻发言人，

中国建筑业协会原会长，曾任中国建筑科学研究院院长）

前　　言

我国的装配式建筑始于 20 世纪 50 年代中期，借鉴学习苏联等国家的经验，对工业化建造方法进行了初步的探索。1999 年，装配式建筑随着全国住宅产业化工作进入了一个新的发展阶段。特别是党的十八大以来，国家明确提出"走新型工业化道路"高度重视建筑产业化工作，陆续出台了一系列重要政策和指导方针。2016 年 9 月，国务院审议通过了《关于大力发展装配式建筑的指导意见》，明确了装配式建筑标准规范体系的健全、建筑设计的创新、部品部件生产的优化、装配施工水平的提升、建筑全装修模式的推进、绿色建材的推广、工程总承包模式的推行以及工程质量安全的确保等各方面的要求。

新一轮的建筑工业化又称为新型建筑工业化，其基本特征主要有设计标准化、生产工厂化、施工装配化、装修一体化、管理信息化五个方面。与传统的建筑工业化相比又有更多的内涵，尤其是运用信息技术和可持续发展理念来实现建筑全生命周期的工业化。新型建筑工业化可以最大限度节约建筑建造和使用过程的资源、能源，提高建筑工程质量和效益，并实现建筑与环境的和谐发展。装配式建筑是实现建筑工业化的途径之一。目前，我国装配式混凝土结构形式主要以"等同现浇"装配整体式混凝土结构为主。

本书立足新发展阶段、贯彻新发展理念，紧抓装配整体式混凝土结构，紧扣质量强国和工程质量主题，在工程实践、调查研究、专题研究、认真总结的基础上，并参考相关标准规范及有关文献编著而成。通过分析装配整体式混凝土结构的技术特征，采集施工阶段普遍性的问题、分析形象因素，提出指导性的防治措施，进而展望了质量管理的数字信息化控制技术路线。

本书共分 7 章。第 1 章是装配式建筑结构概述，介绍了建筑工业化的含义和特征、装配式建筑的结构体系、装配式建筑关键技术研究和装配式建筑的意义。第 2 章是装配整体式混凝土结构技术特征，介绍了装配整体式混凝土结构体系的定义、力学性能和分类，分析了装配整体式混凝土结构主要节点特征和装配式混凝土剪力墙结构施工技术特征。第 3 章是装配整体式结构施工质量标准化，总结了转换层施工、预制混凝土剪力墙、吊装准备、预制构件吊装、构件连接等的工艺流程、控制要点等标准化控制。第 4 章是装配式结构施工质量通病与预控，总结分析了安装前准备工作阶段、转换层、预制墙板、叠合板、预制阳台板（含空调板）、预制夹芯保温墙板、预制楼梯等施工的质量通病及其原因、指出了预防措施和治理方法。第 5 章是装配整体式结构施工质量试验检验，介绍了预制构件试验的分类、结构性能检验及节点链接质量的试验检验，总结分析了试验检验的通病及其预控措施。第 6 章是装配式结构施工质量验收，总结了装配式混凝土建筑的质量验收、主要规范条文、分部分项验收主要表格以及施工质量验收相关规范名录。第 7 章是装配式结构施工质量的数字信息化展望，研究分析了装配整体式混凝土结构施工的建筑 BIM＋二维码技术的质量数字信息、基于区块链的施工质量协同管控、施工质量的 AI 技术以及施工质量的数字孪生，指出了建立一个基于契约和信用基础上的建筑建造质量数字化管控模式。

本书旨在帮助建筑企业在项目实践中避免同类问题的重复发生，进一步提升装配整体式结构工程质量和工程建设的综合效益，提高行业的整体水平，进而推动装配式建筑的建造水平，实现建筑工业化的技术和产业升级及建筑产业诚信革命。

本书感谢原国家建设部、住房和城乡建设部原总工程师、中国建筑业协会原会长王铁宏教授级高级工程师，中国建筑股份有限公司原总工程师、中国土木工程学会常务理事兼总工程师委员会理事长毛志兵教授级高级工程师，中国建筑第二工程局有限公司总工程师张志明教授级高级工程师给予的悉心指导。在编著过程中得到了中建二局第一建筑工程有限公司质量总监刘敬中教授级高级工程师、中建二局华东公司江苏分公司总工李敏高级工程师的帮助和指正；同时，得到了华北公司各分公司及李宁、陈忠方等技术质量人员的大力支持，具体内容参考了国内大量的文献，田会东绘制了书中部分插图，在此一并表示衷心的感谢。最后，感谢我的家人，因为有了他们的支持、陪伴和理解，我们的工作生活才变得更美好、更有意义。

由于作者理论水平与工程实践经验有限，对有些问题的研究还不够深入，书中难免存在差错和不足，恳请各位读者给予批评指正。

作者

2022 年 7 月 21 日

目　　录

第1章

装配式建筑结构概述

我国的装配式建筑始于 20 世纪 50 年代中期，借鉴学习国外的相关经验，对工业化建造方法进行了初步的探索。1956 年，首次提出了"三化"（设计标准化、构件生产工厂化、施工机械化），明确了建筑工业化的发展方向。1999 年，装配式建筑随着全国住宅产业化工作进入了一个新的发展阶段。

特别是党的十八大以来，国家明确提出"走新型工业化道路"，高度重视建筑产业化工作，陆续出台了一系列重要政策和指导方针。2016 年 9 月，国务院审议通过了《关于大力发展装配式建筑的指导意见》，明确了装配式建筑标准规范体系的健全、建筑设计的创新、部品部件生产的优化、装配施工水平的提升、建筑全装修模式的推进绿色建材的推广、工程总承包模式的推行以及工程质量安全的确保等八方面的要求。目前，整个建设行业走装配式建筑发展道路的内生动力日益增强，装配式建筑任重道远。

1.1 建筑工业化

1.1.1 建筑工业化的含义和特征

制造业的工业化程度越来越高，《新帕尔格雷夫词典》将工业化定义为："工业化是一种过程。首先，一般来说，国民收入（或地区收入）中制造业活动和第二产业所占的比例提高了；其次，在制造业和第二产业就业的劳动人口的比例一般也有增加的趋势。在这两种比例增加的同时，除了暂时的中断以外，整个地区的人均收入也增加了。"

1

学术界关于工业化的定义很多；不同国家由于生产力状况、经济水平、劳动力素质等条件的不同，对建筑工业化概念的理解也有所不同，见表1-1。但综合看来，工业化过程具有如下的特征：工业化是一个演进的、长期的过程；工业化存在产出、劳动以及其他生产要素的结构变化；工业化伴随着经济增长与人均收入的提高。

不同国家对建筑工业化的理解　　　　　　　　　　　表 1-1

国家	对建筑工业化的理解
美国	主体结构构建通用化，制品和设备的社会化生产和商品化供应，把规划、设计、制作、施工、资金管理等方面的工作综合成一体
法国	构件生产机械化和施工安装机械化，施工计划明确化和建筑程序合理化，进行高效组织
英国	使用新材料和新的技术，工厂预制大型构件，提高施工机械化程度，同时还要改进管理技术和施工组织，在设计中考虑到制作和施工要求
日本	在建筑体系和部品体系成套化、通用化和标准化的基础上，采用社会化大生产的方法实现建筑的大规模生产
苏联	在建筑业中应用现代化工业的组织生产方式，要求工程量大而稳定，能保证生产的持续性。实现建筑标准化，整个生产过程各个阶段综合一体，具有高度的组织性，尽可能减少手工劳动和人力，实现机械化与生产相结合
匈牙利	大规模使用机械并使用工厂预制的定型构件，用重复过程建造大量房屋，改进组织管理，以使设计与施工密切配合
中国	建筑业以技术为先导，采用先进、适用的技术和装备，在建筑标准化的基础上，发展建筑构配件、制品和设备的生产，培育技术服务体系和市场的中介机构，使建筑业生产、经营活动逐步走上专业化、社会化道路

建筑工业化就是通过提高建筑部品的工业化，提高现场生产的集约化管理水平，同时保留建筑业的最终现场安装的生产方式，满足建筑差异性需求。与制造业深度结合的先进生产方式已是建筑业工业化的内在要求和发展趋势。一方面，随着社会的发展，建筑作为一种产品或服务，工厂化生产技术越来越多地运用到建筑生产上，并提供高质量、可负担的价格。另一方面，工业化建筑的生产方式介于制造业与建筑业的范畴之间，因此兼备了二者的特点，但工业化建筑比普通建筑更接近制造业。

建筑工业化包括：建筑部品、构件的标准化；建筑生产过程各阶段的集成化；部品生产和施工过程的机械化；建筑部品、构件生产的规模化；建筑施工的高度组织化与连续化；一体化装修和信息化管理以及与建筑工业化相关的研究和实验。

所以，建筑工业化包括：标准化、集成化、机械化、规模化和信息化管理等五个特征。

（1）标准化是建筑工业化的最基本特征，它直接导致了构配件使用的通用性和构配件生产的重复性。

（2）集成化是建筑工业化的重要特征。建筑工业化要求系统地组织从设计到施工的每一个环节，在设计阶段就要考虑施工阶段的组装问题，这就是所谓的"施工问题前置"以及"设计可实施性"。

（3）机械化是建筑业工业化的实施工具。整个建筑过程的推动力就是生产和施工的机械化，是建筑产业大幅提高生产效率和生产精度的核心。

（4）规模化是建筑工业化持续运转的前提。只有在各类部品、构件的生产企业或行业实现规模化生产的条件下，才会产生一个可以稳定而持续地提供一系列与各种不同建筑类型相对应的部品、构件市场，才能大幅度降低建造成本。

（5）信息化管理是建筑业工业化的辅助手段。管理手段和建筑部品、构件、产品的信息化，使用信息技术辅助管理，可以极大地提高建筑产品性能，助推建筑工业化现代化。

1.1.2 新型建筑工业化

实际上建筑工业化不仅仅只是建筑企业乃至行业的工业化生产及其在经济效益需要考的问题，更涉及环境、社会效益方面的可持续发展。这就是新型建筑工业化，即建筑工业化更应该把重点转向"五节"[节地、节水、节材、节能、节人（人力资源）]、低碳环保、降低物耗、降低对环境的压力以及资源的循环利用的可持续发展。

新型建筑工业化是以构件预制化生产、装配式施工为生产方式，以设计标准化、构件部品化、施工机械化为特征，能够整合设计、生产、施工等整个产业链，实现建筑产品节能、环保、全生命周期价值最大化的可持续发展的新型建筑生产方法。

由此可见，建筑产品在整个生命周期内的经济效益、环境和社会效益的可持续发展，都是建筑工业化的重要目标。

1.1.3 新型建筑工业化的基本内容

新型建筑工业化是通过新一代信息技术驱动，以工程全寿命期系统化集成设计、精益化生产施工为主要手段，整合工程全产业链、价值链和创新链，实现工程建设高效益、高质量、低消耗、低排放的建筑工业化。其基本内容主要包括：

（1）加强系统化集成设计

① 推动全产业链协同。推行新型建筑工业化项目建筑师负责制，鼓励设计单位提供全过程咨询服务。优化项目前期技术策划方案，统筹规划设计、构件和部品部件生产运输、施工安装和运营维护管理。引导建设单位和工程总承包单位以建筑最终产品和综合效益为目标，推进产业链上下游资源共享、系统集成和联动发展。

② 促进多专业协同。通过数字化设计手段推进建筑、结构、设备管线、装修等多专业一体化集成设计，提高建筑整体性，避免二次拆分设计，确保设计深度符合生产和施工要求，发挥新型建筑工业化系统集成综合优势。

③ 推进标准化设计。完善设计选型标准，实施建筑平面、立面、构件和部品部件、接口标准化设计，推广少规格、多组合设计方法，以学校、医院、办公楼、酒店、住宅等为重点，强化设计引领，推广装配式建筑体系。

④ 强化设计方案技术论证。落实新型建筑工业化项目标准化设计、工业化建造与建筑风貌有机统一的建筑设计要求，塑造城市特色风貌。在建筑设计方案审查阶段，加强对新型建筑工业化项目设计要求落实情况的论证，避免建筑风貌千篇一律。

（2）优化构件和部品部件生产

① 推动构件和部件标准化。编制主要构件尺寸指南，推进型钢和混凝土构件以及预制混凝土墙板、叠合楼板、楼梯等通用部件的工厂化生产，满足标准化设计选型要求，扩大标准化构件和部品部件使用规模，逐步降低构件和部件生产成本。

② 完善集成化建筑部品。编制集成化、模块化建筑部品相关标准图集，提高整体卫浴、集成厨房、整体门窗等建筑部品的产业配套能力，逐步形成标准化、系列化的建筑部品供应体系。

③ 促进产能供需平衡。综合考虑构件、部品部件运输和服务半径，引导产能合理布局，加强市场信息监测，定期发布构件和部品部件产能供需情况，提高产能利用率。

④ 推进构件和部品部件认证工作。编制新型建筑工业化构件和部品部件相关技术要求，推行质量认证制度，健全配套保险制度，提高产品配套能力和质量水平。

⑤ 推广应用绿色建材。发展安全健康、环境友好、性能优良的新型建材，推进绿色建材认证和推广应用，推动装配式建筑等新型建筑工业化项目率先采用绿色建材，逐步提高城镇新建建筑中绿色建材应用比例。

（3）推广精益化施工

① 大力发展钢结构建筑。鼓励医院、学校等公共建筑优先采用钢结构，积极推进钢结构住宅和农房建设。完善钢结构建筑防火、防腐等性能与技术措施，加大热轧 H 型钢、耐候钢和耐火钢应用，推动钢结构建筑关键技术和相关产业全面发展。

② 推广装配式混凝土建筑。完善适用于不同建筑类型的装配式混凝土建筑结构体系，加大高性能混凝土、高强钢筋和消能减震、预应力技术的集成应用。在保障性住房和商品住宅中积极应用装配式混凝土结构，鼓励有条件的地区全面推广应用预制内隔墙、预制楼梯板和预制楼板。

③ 推进建筑全装修。装配式建筑、星级绿色建筑工程项目应推广全装修，积极发展成品住宅，倡导菜单式全装修，满足消费者个性化需求。推进装配化装修方式在商品住房项目中的应用，推广管线分离、一体化装修技术，推广集成化模块化建筑部品，提高装修品质，降低运行维护成本。

④ 优化施工工艺工法。推行装配化绿色施工方式，引导施工企业研发与精益化施工相适应的部品部件吊装、运输与堆放、部品部件连接等施工工艺工法，推广应用钢筋定位钢板等配套装备和机具，在材料搬运、钢筋加工、高空焊接等环节提升现场施工工业化水平。

⑤ 创新施工组织方式。完善与新型建筑工业化相适应的精益化施工组织方式，推广设计、采购、生产、施工一体化模式，实行装配式建筑装饰装修与主体结构、机电设备协同施工，发挥结构与装修穿插

施工优势，提高施工现场精细化管理水平。

⑥ 提高施工质量和效益。加强构件和部品部件进场、施工安装、节点连接灌浆、密封防水等关键部位和工序质量安全管控，强化对施工管理人员和一线作业人员的质量安全技术交底，通过全过程组织管理和技术优化集成，全面提升施工质量和效益。

（4）加快信息技术融合发展

① 大力推广建筑信息模型（BIM）技术。加快推进 BIM 技术在新型建筑工业化全寿命期的一体化集成应用。充分利用社会资源，共同建立、维护基于 BIM 技术的标准化部品部件库，实现设计、采购、生产、建造、交付、运行维护等阶段的信息互联互通和交互共享。试点推进 BIM 报建审批和施工图 BIM 审图模式，推进与城市信息模型（CIM）平台的融通联动，提高信息化监管能力，提高建筑行业全产业链资源配置效率。

② 加快应用大数据技术。推动大数据技术在工程项目管理、招标投标环节和信用体系建设中的应用，依托全国建筑市场监管公共服务平台，汇聚整合和分析相关企业、项目、从业人员和信用信息等相关大数据，支撑市场监测和数据分析，提高建筑行业公共服务能力和监管效率。

③ 推广应用物联网技术。推动传感器网络、低功耗广域网、5G、边缘计算、射频识别（RFID）及二维码识别等物联网技术在智慧工地的集成应用，发展可穿戴设备，提高建筑工人健康及安全监测能力，推动物联网技术在监控管理、节能减排和智能建筑中的应用。

④ 推进发展智能建造技术。加快新型建筑工业化与高端制造业深度融合，搭建建筑产业互联网平台。推动智能光伏应用示范，促进与建筑相结合的光伏发电系统应用。开展生产装备、施工设备的智能化升级行动，鼓励应用建筑机器人、工业机器人、智能移动终端等智能设备。推广智能家居、智能办公、楼宇自动化系统，提升建筑的便捷性和舒适度。

（5）创新组织管理模式

① 大力推行工程总承包。新型建筑工业化项目积极推行工程总承包模式，促进设计、生产、施工深度融合。引导骨干企业提高项目管理、技术创新和资源配置能力，培育具有综合管理能力的工程总承包

企业，落实工程总承包单位的主体责任，保障工程总承包单位的合法权益。

②发展全过程工程咨询。大力发展以市场需求为导向、满足委托方多样化需求的全过程工程咨询服务，培育具备勘察、设计、监理、招标代理、造价等业务能力的全过程工程咨询企业。

③完善预制构件监管。加强预制构件质量管理，积极采用驻厂监造制度，实行全过程质量责任追溯，鼓励采用构件生产企业备案管理、构件质量飞行检查等手段，建立长效机制。

④探索工程保险制度。建立完善工程质量保险和担保制度，通过保险的风险事故预防和费率调节机制帮助企业加强风险管控，保障建筑工程质量。

⑤建立使用者监督机制。编制绿色住宅购房人验房指南，鼓励将住宅绿色性能和全装修质量相关指标纳入商品房买卖合同、住宅质量保证书和住宅使用说明书，明确质量保修责任和纠纷处理方式，保障购房人权益。

发展装配式建筑是建造方式的重大变革，是推进供给侧结构性改革和新型城镇化发展的重要举措，有利于节约资源能源、减少施工污染、提升劳动生产率和质量安全水平，有利于促进建筑业与信息化工业化深度融合、培育新产业新动能、推动化解过剩产能。

预制装配式结构体系是装配式建筑、建筑产业现代化技术体系的重要组成部分。

1.2　装配式建筑的结构体系

装配式建筑由结构系统、外围护系统、设备与管线系统和内装系统等四大系统组成，它涉及建筑、结构、水、暖、电等所有专业。其中，结构体系是指结构抵抗外部作用的构建组成方式。按材料主要可分为混凝土结构、钢结构、（复合）木结构等结构体系，如图 1-1 所示。

适用于装配式建筑的结构体系，除了满足结构安全性、适用性、耐久性等一般必需的建筑功能要求外，还必须满足适合工厂化生产、机械化和智能化施工、方便运输、节能环保、经济绿色、智慧化管理等新型建筑工业化的功能要求。综合考虑各结构体系的特点和装配式建筑的特征，我国装配式建筑结构体系的选择主要集中在装配式混凝土结构体系和装配式钢结构体系上。

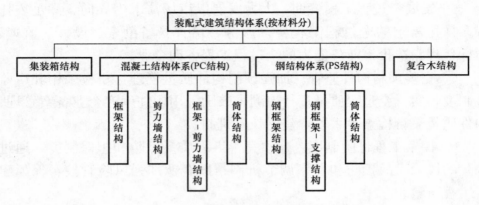

图 1-1　装配式建筑结构体系图

1.2.1　装配式混凝土结构体系（PC 结构）

钢筋混凝土结构因其具有取材方便、成本低、刚度大及耐久性好的优点，在建筑结构以及土木工程中的应用非常广泛，目前我国 80% 以上的中、高层建筑都是混凝土结构，具体的结构形式有框架结构、剪力墙结构、框架-剪力墙结构和筒体结构等。

推进装配式建筑，首先就是要发展工厂化和机械化，而混凝土结构构件非常有利于预制化生产和机械化施工。装配式混凝土结构可以将大量的湿作业施工转移到工厂内进行标准化的生产，并将保温、装饰整合在预制构件生产环节完成，原材料和施工水电消耗大幅下降，能有效提高工程质量、加快工期、节约成本、降低污染。在新中国成立初期发展最为成熟的装配式建筑体系就是预制混凝土大板住宅，在工厂预制好内外墙板、楼板、屋面板以及楼梯等构件，运输到施工现场进行装配和连接。虽然装配式混凝土建筑中间经历了十几年的发展停滞时期，但随着向节约友好型社会转变升级的可持续发展方向的逐步明确，在国家与地方政府的支持下，我国装配式混凝土结构体系在近十年来重新迎来发展契机，形成了诸如装配式剪力墙结构、装配式框架结构、装配式框架-剪力墙结构等多种形式的装配式建筑技术，完成了诸如《装配式混凝土结构技术规程》JGJ 1—2014《钢筋套筒灌浆连接应用技术规程》JGJ 355—2015、装配式混凝土剪力墙结构住宅系列图集（15J939—1、15G107—1、G310—1～2、15G365—1、15G365—2、15G366—1、15G367—1、15G368—1）等相应技术规程汇编。全国各地都加大了预制装配式混凝土结构体系的试点推广应用工作，在部分工程项目中将装配式混凝土结构和装配式内装结构相结合，推进了建筑工业化，实现了一体化的系统集成。

装配式混凝土结构经历了从装配 1.0 版到 4.0 版的发展模式，即装配 1.0 版是指现浇剪力墙＋3 板 PC 结合套筒灌浆技术的混凝土装配结构，装配 2.0 版是指预制剪力墙＋3 板 PC 结合套筒灌浆技术的混凝土装配结构，装配 3.0 版式预制剪力墙＋3 板 PC 结合"后浇带原理"的连结技术的混凝土装配结构，装配 4.0 版是模块化装配式一体化的系统集成。

1.2.2　装配式钢结构体系（PS 结构）

钢结构建筑的钢梁、钢柱以及钢板剪力墙等构件均可由工厂加工生产，构件在现场只需进行焊接或螺栓连接，具有轻质高强、抗震性功能好、工业化程度高、施工周期短、绿色环保等优点，因此钢结构体系是实现装配式绿色建筑的最佳结构形式。工程中常用的装配式结构形式主要有钢框架结构、钢框架-支撑（延性墙板）结构、筒体结构等。

与装配式混凝土结构相比，装配式钢结构建筑在我国的发展相对成熟，在工业建筑及大跨空间结构领域占有主导地位，相应的设计标准和施工质量验收规范如《高层民用建筑钢结构技术规程》JGJ 99—2015、《钢板剪力墙技术规程》JGJ/T 380—2015、《钢结构住宅设计规程》CECS 261—2009、《钢结构工程施工质量验收标准》GB 50205—2020、《建筑钢结构防火技术规范》CECS 200—2006、《装配式钢结构建筑技术标准》GB/T 51232—2016 等也比较完善。但不可否认的是，目前钢结构在民用建筑市场特别是量大面广的住宅市场占有率较低，这与我国的经济发展、住宅的交付标准有关，也和钢结构相配套的板材（内墙板、外墙板和楼板）体系发展水平有关，因此，应有组织地研发与钢结构体系相配套的墙板围护体系、整体厨卫技术和一体化装修技术，实现规模化生产和资源的高效利用。

1.2.3 复合木结构体系

木结构装配式建筑全部采用木材，建筑所需的柱、墙、梁、板、楼梯构件均采用木材制造，然后进行装配。木结构装配式建筑具有良好的抗震性、环保性能。对于木材丰富的国家如德国、俄罗斯等大量采用木结构装配式建筑。

复合木（竹木）结构体系在江苏还处于起步阶段，在材料、构件、结构三个层面的相关规范、标准还不完善，尤其是结构体系技术的规范尚缺，目前还达不到建筑产业现代化的技术要求

1.3 装配式建筑关键技术研究

在现有技术体系的基础上，对装配式建筑关键技术开展了相关研究，如表 1-2 所示，这些研究成果及形成的有关技术标准构成和丰富了我国装配式建筑技术标准体系，为我国建筑产业化深入持续和广泛推进提供了强大的技术支撑。

装配式建筑关键技术研究项目和内容要点　　　　　表 1-2

序号	关键技术研究项目	主要研究内容
1	装配式节点性能研究	（1）与现浇结构等效连接的节点：固支； （2）与现浇结构非等效连接的节点：简支、铰接、接近固支； （3）柔性连接节点：外墙挂板
2	装配式楼盖结构分析	（1）与现浇性能等同的叠合楼盖：单向板、双向板； （2）预制楼板依靠叠合层进行水平传力的楼盖：单向板； （3）预制楼板依靠板缝传力的楼盖：单向板
3	装配式结构构件的连接技术	（1）采用预留钢筋锚固及后浇混凝土连接的整体式接缝； （2）采用钢筋套筒灌浆或约束浆锚搭接连接的整体式接缝； （3）采用钢筋机械连接及后浇混凝土连接的整体式接缝； （4）采用焊接或螺栓连接的接缝； （5）采用消栓或键槽连接的抗剪接缝

序号	关键技术研究项目	主要研究内容
4	预制建筑技术体系集成	(1) 结构体系选择； (2) 标准化部品集成； (3) 设备集成； (4) 装修集成； (5) 专业协同的实施方案

1.4　装配式建筑的意义

梁思成先生 1962 年 9 月 9 日在人民日报撰文指出："第二次的世界大战中，造船工业初次应用了生产汽车的方式制造运输舰只，彻底改变了大型船只个别设计、个别制造的古老传统，大大地提高了造船速度。从这里受到启示，建筑师们就提出了用流水线方式来建造房屋的问题，并且从材料、结构、施工等各个方面探索研究，进行设计。'预制房屋'成了建筑界研究试验的中心问题。"梁先生提出了"三化理论"即"设计标准化、生产工厂化和施工机械化"，并将我国建筑初期的建筑工业化实践概括为："从拖泥带水到干净利索"。梁先生用"干净利索"四个字，高度凝练了我们今天积极推进装配式建筑的初衷，那就是"质量好、效率高、省资源"的"四节一环保"。具体意义的就是：

一是有利于大幅降低建造过程中的能源资源消耗。相对于传统的现浇建造方式，可节水约 25%，降低抹灰砂浆用量约 55%，节约模板木材约 60%，降低施工能耗约 20%。

二是有利于减少施工过程造成的环境污染影响。显著降低施工粉尘和噪声污染，减少建筑垃圾 70% 以上。

三是有利于显著提高工程品质和安全。以工业化代替传统手工湿作业，即能确保部品部件质量，提高施工精度，大幅减少建筑质量通病，又能减少事故隐患，降低劳动者工作强度，提高施工安全性。

四是有利于提高劳动生产率，缩短综合施工周期 25%～30%。现场施工与工厂生产相比，生产效率明显提高。

五是有利于促进形成新兴产业（工人产业化），促进建筑业与工业制造产业及信息产业、物流产业、现代服务业等深度融合，对发展新经济、新动能、拉动社会投资促进经济增长具有积极作用。

第2章
装配整体式混凝土结构技术特征

2.1 装配整体式混凝土结构体系

2.1.1 装配整体式混凝土结构的定义

装配整体式混凝土结构是由预制混凝土构件或部件通过钢筋、连接件或施加预应力加以连接并现场浇筑混凝土、水泥基灌浆料而形成整体的装配式混凝土结构。

它结合了现浇整体式和预制装配式两者的优点，既节省模板，降低工程费用，又可以提高工程的整体性和抗震性。

2.1.2 装配整体式混凝土结构体系的力学性能

按照受力性能与设计理念的不同，装配整体式混凝土结构属于等同现浇混凝土结构。等同原理，是指装配整体式混凝土结构应该基本达到或接近与现浇混凝土结构等同的效果。

装配整体式混凝土结构通过连接节点的合理设计与构造，使其整体受力性能与现浇混凝土结构一致，通过"整体"隐含了等同现浇的要求。它不同于（全）装配式混凝土结构，见表 2-1。而（全）装配式混凝土结构，是各预制构件间主要通过螺栓连接、焊接连接预应力筋压接等干性连接，形成整体受力结构，其受力性能与现浇混凝土结构截然不同。

装配整体式混凝土结构具有等同现浇特性，《装配式混凝土结构技术规程》JGJ 1—2014 在第 1.0.1 条的条文说明中明确提出"要求装配整体式结构的可靠度、耐久性及整体性等基本上与现浇混凝土结构等同"。

装配整体式混凝土结构与（全）装配式混凝土结构的区别　表 2-1

项目	装配整体式混凝土结构	（全）装配式混凝土结构
结构分析	与现浇混凝土结构相同	与现浇混凝土结构不同
内力计算	与现浇混凝土结构相同	与现浇混凝土结构不同
构件配筋构造	与现浇混凝土结构基本相同	与现浇混凝土结构不同
连接技术	浆锚连接、后浇混凝土连接、焊接连接、螺栓连接等	焊接连接、螺栓连接等
现场施工	现场有必要的孔道灌浆及混凝土浇筑等湿作业	现场全部为干作业

2.1.3　装配整体式混凝土结构体系的分类

当前根据结构体系的不同，装配整体式混凝土结构主要包括装配整体式混凝土剪力墙结构与装配整体式框架结构两种形式，如图 2-1 所示。

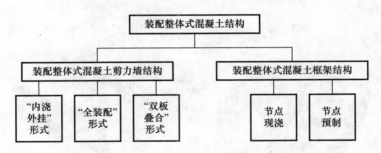

图 2-1　装配整体式混凝土结构分类图

（1）内浇外挂墙板体系

内浇外挂墙板体系如图 2-2 所示，其预制部件包括：外墙、叠合楼板，阳台，楼梯、叠合梁等。

该体系的特点为：竖向受力结构采用现浇，外墙挂板不参与受力，预制比例一般 10%～50%，施工难度较低，成本较低，常配合大钢模施工。

适用高度：高层，超高层。

适用建筑：保障房、商品房、办公建筑。

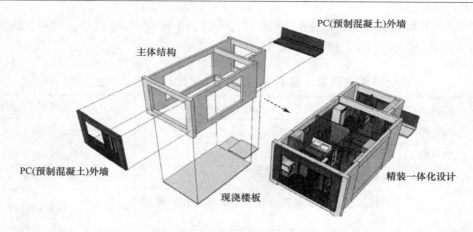

图 2-2 内浇外挂体系示例图

（2）装配式框架体系

装配式框架体系如图 2-3 所示，其预制部件包括：柱、叠合梁、外墙、叠合楼板、阳台、楼梯等。

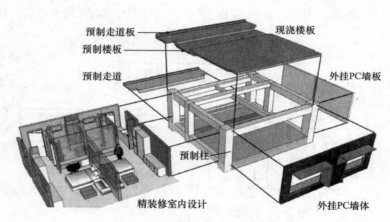

图 2-3 装配式框架体系示例图

该体系的特点为：工业化程度高，预制比例可达 80%，内部空间自由度好，室内梁柱外露，施工难度较高，成本较高。

适用高度：50m 以下（7 度）。

适用建筑：公寓、办公、酒店、学校、工业厂房建筑等。

（3）装配式剪力墙体系

装配式剪力墙体系如图 2-4 所示，其预制部件包括：剪力墙、叠合楼板，楼梯、内隔墙等。

该体系的特点为：工业化程度高，房间空间完整，无梁柱外露，施工难度高，成本较高，可选择局部或全部预制，空间灵活度一般。

适用高度：高层、超高层。

适用建筑：商品房、保障房等。

（4）装配式框架剪力墙体系

装配式框架剪力墙体系如图 2-5 所示，其预制部件包括：柱（柱模板）、剪力墙、叠合楼板，阳台，楼梯、内隔墙等。

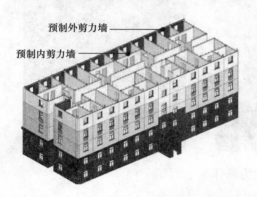
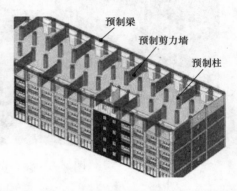

图 2-4 装配式剪力墙体系示例图   图 2-5 装配式框架剪力墙体系示例图

该体系的特点为：工业化程度高，施工难度高，成本较高，室内柱外露，内部空间自由度较好。

适用高度：高层、超高层。

适用建筑：商品房、保障房等。

（5）叠合剪力墙体系

叠合剪力墙体系如图 2-6 所示，其预制部件包括：剪力墙、叠合楼板、阳台、楼梯、内隔墙等。

体系特点：工业化程度高，施工速度快，连接简单，构件重量轻，精度要求较低等。

适用高度：高层、超高层。

适用建筑：商品房、保障房等。

各类结构体系房屋的最大适用高度如表 2-2 所示。

对表 2-2，应注意：

（1）房屋建筑高度指室外地面到主要屋面板顶板的高度（不考虑局部突出屋顶部分）。

图 2-6　叠合剪力墙体系示例图

各类结构体系房屋的最大适用高度（m）　　　　　　　表 2-2

结构体系	非抗震设计	抗震设防烈度			
		6	7	8 (0.2μ)	8 (0.3μ)
装配整体式框架结构	70	60	50	40	30
装配整体式框架-剪力墙结构	150	130	120	100	80
装配整体式剪力墙结构	140（120）	130（110）	110（90）	90（80）	70（60）
装配整体式部分框支剪力墙结构	120（100）	110（90）	90（70）	70（60）	40（30）
墙板结构	28	28	24	18	15

（2）当结构中仅水平构件采用叠合梁、板，而竖向构件全部为现浇时，其最大适用高度同现浇结构。

（3）在规定水平作用力下，装配整体式剪力墙结构中，当预制剪力墙构件承担的底部剪力大于底部总剪力的55％时，最大适用高度应适当降低；当预制剪力墙构件承担的底部剪力大于底部总剪力的80％时，应取括号内的数值。

（4）当采用部分框支剪力墙结构时，底部框支层不宜超过 2 层且框支层及相邻上一层应采用现浇结构。

2.2　装配整体式混凝土结构主要节点特征

根据装配整体式混凝土剪力墙结构特点，其节点的分类方式很多，可以按照节点所在的位置、使用材料与施工工艺、构造形式及设计原则等进行分类。按照节点受力特性及其对结构整体性能，尤其是对抗震性能的贡献，装配整体式混凝土剪力墙结构的节点可分为结构性节点和非结构性节点。

结构性节点是指由装配整体式混凝土剪力墙结构件之间相互连接所形成的节点，其直接决定了结构整体性与抗震性能。一般包括预制剪力墙的竖向连接节点（相邻层剪力墙的连接）、预制剪力墙的横向连接节点（同层剪力墙的连接）、预制剪力墙-连梁连接节点、预制剪力墙-楼板连接节点以及预制剪力墙-填充墙连接节点。其原则是保证结构构件间的可靠连接，承受压力/拉力、剪力、弯矩综合作用。

非结构性节点是指由装配整体式混凝土剪力墙结构非结构构件与主体结构的连接所形成的节点，其对结构整体性能及抗震性能影响程度很小或基本可以忽略。一般包括预制阳台板、预制空调板、预制楼梯与主体结构的节点。其原则是保证非结构构件与主体结构的可靠连接。

2.2.1　叠合板体系的节点特征

技术特征：叠合板由预制层和现浇部分形成整体受力板，共同承受荷载。

构造特征：预制层一般为预制的钢筋桁架混凝土，厚度一般为 60mm；现浇层为现浇钢筋混凝土，厚度一般不小于 70mm。叠合板的预制层一般分为两种情况，一种是板侧出筋，另一种是板侧不出筋。其节点构造如图 2-7、图 2-8 所示。

叠合板之间的拼缝连接，按其受力形式，可分为整体式拼缝与分离式拼缝，其构造如图 2-9 所示。对于整体式拼缝，除图中规定外，叠合板厚度不应小于 $10d$（d 为弯折钢筋直径的较大值），且不应小于 120mm；通常构造钢筋不少于 2 根，且直径不应小于该方向预制板内钢筋直径。对于分离式拼缝，除图中规定外，附加钢筋截面面积不宜小于预制板中该方向钢筋面积，钢筋直径不宜小于 6mm、间距不宜大于 250mm。

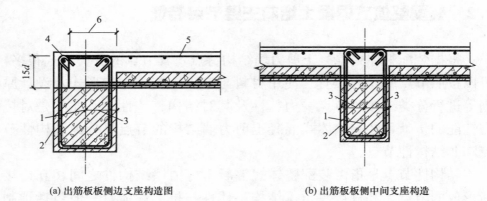

(a) 出筋板板侧边支座构造图   (b) 出筋板板侧中间支座构造

图 2-7   出筋板板侧支座构造

1—梁中线；2—叠合梁或现浇梁；3—$\geq 15d$，且至少到梁中线；4—两外侧角筋；
   5—板面纵筋在支座应伸至梁外侧纵筋内侧后弯折，当直段长度$\geq l_a$ 时，可不
     弯折；6—充分利用钢筋强度时：$\geq 0.6 l_{ab}$，设计按铰接时：$\geq 0.35 l_{ab}$

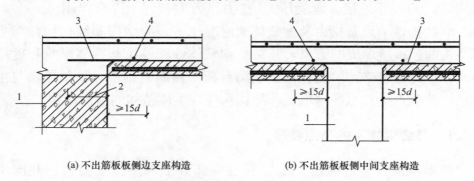

(a) 不出筋板板侧边支座构造   (b) 不出筋板板侧中间支座构造

图 2-8   不出筋板板侧支座构造

1—叠合梁或现浇梁（预制墙或现浇墙）；2—$\geq 15d$，且至少到梁（墙）中线；
     3—板底连接中纵筋 A_{al}；4—附加通常构造筋，直径$\geq \Phi 4$

2.2.2   剪力墙体系的节点特征-竖向节点

装配式剪力墙结构体系是由预制剪力墙构件通过可靠的连接方式并与现场后浇混凝土、水泥基灌浆料形成的整体结构，可靠的连接节点是保证结构整体性和抗震能力的关键。节点连接主要有剪力墙与柱连接、剪力墙与剪力墙的水平连接、剪力墙与梁的连接、剪力墙的竖

向连接等。

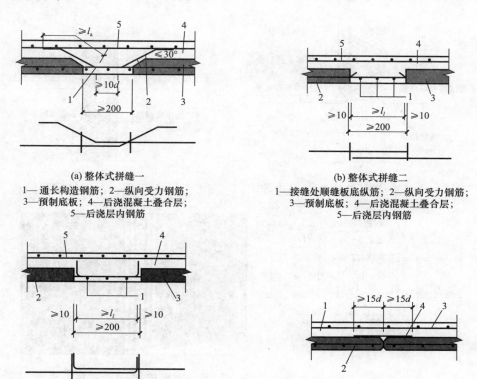

(a) 整体式拼缝一
1—通长构造钢筋；2—纵向受力钢筋；
3—预制底板；4—后浇混凝土叠合层；
5—后浇层内钢筋

(b) 整体式拼缝二
1—接缝处顺缝板底纵筋；2—纵向受力钢筋；
3—预制底板；4—后浇混凝土叠合层；
5—后浇层内钢筋

(c) 整体式拼缝三
1—接缝处顺缝板底纵筋；2—纵向受力钢筋；
3—预制底板；4—后浇混凝土叠合层；
5—后浇层内钢筋

(d)分离式拼缝
1—后浇混凝土叠合层；2—预制底板；
3—后浇层钢筋；4—附加钢筋

图 2-9　叠合板后浇混凝土连接构造

装配式剪力墙结构竖向连接方式有两种：

（1）干式连接就是在施工现场无需浇筑混凝土，全部预制构件、预埋件、连接件都在工厂预制，通过螺栓或焊接等方式实现连接。

（2）湿式连接就是将两个承重构件之间钢筋互相连接后通过浇筑节点实现结构的整体连接，以达到节点等同现浇。

剪力墙的竖向连接主要节点构造如图 2-10、图 2-11 所示。

剪力墙的横向连接主要构造如图 2-12、图 2-13 所示。

2.2.3　夹芯保温剪力墙板

装配整体式夹芯保温剪力墙板是由内叶混凝土剪力墙、外叶混凝土墙板及夹芯保温层和连接件组成的装配式混凝土剪力墙结构。

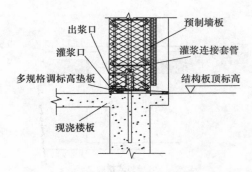

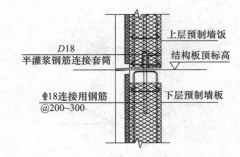

图 2-10　现浇与预制墙体竖向连接　　　图 2-11　上下层预制墙体间竖向连

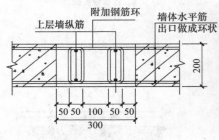

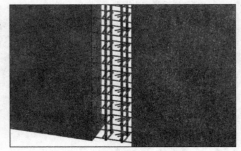

图 2-12　剪力墙"一"字形水平连接

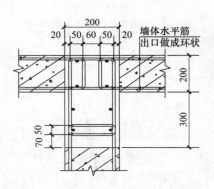

图 2-13　剪力墙"T"形水平连接

　　技术特点：夹心剪力墙板的内叶墙、外叶墙、保温板三者之间采用连接件进行连接，连接件分为不锈钢等金属连接件和碳纤维、玻璃纤维等纤维复合增强材料（FRP）连接件多种形式。其主要节点构造如图 2-14～图 2-16 所示。

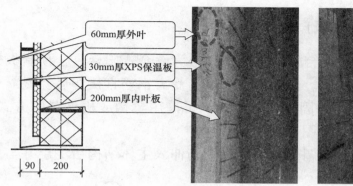

图 2-14　夹芯保温剪力墙剖面

图 2-15　预制剪力墙-外墙板

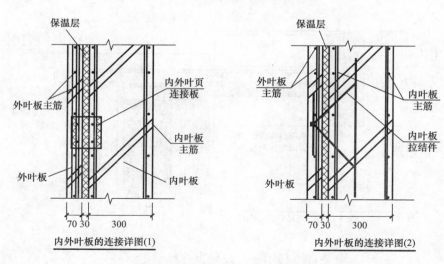

图 2-16　夹芯保温剪力墙内叶板和外叶板的连接

2.2.4 阳台（含空调板）节点

预制钢筋混凝土阳台板按构件型式分为叠合式阳台、全预制板式阳台、全预制梁式阳台。预制阳台板纵向受力钢筋直接在后浇混凝土内直线锚固，当直线锚固长度不足时，可采用弯钩或机械锚固方式。其节点构造如图 2-17～图 2-19 所示。

预制钢筋混凝土空调板预留负弯矩筋伸入主体结构后浇层并与主

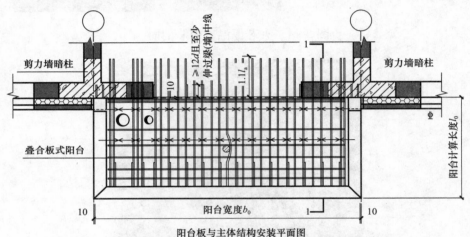

阳台板与主体结构安装平面图
注:图中所示板边附加加强钢筋，一般用于采用夹心保温剪力墙外墙板情况

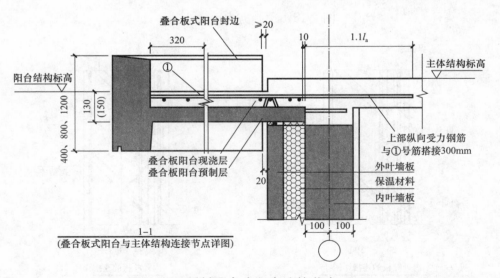

1-1
(叠合板式阳台与主体结构连接节点详图)

图 2-17 预制叠合式阳台连接节点（一）

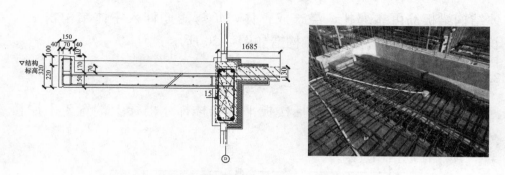

图 2-17 预制叠合式阳台连接节点（二）

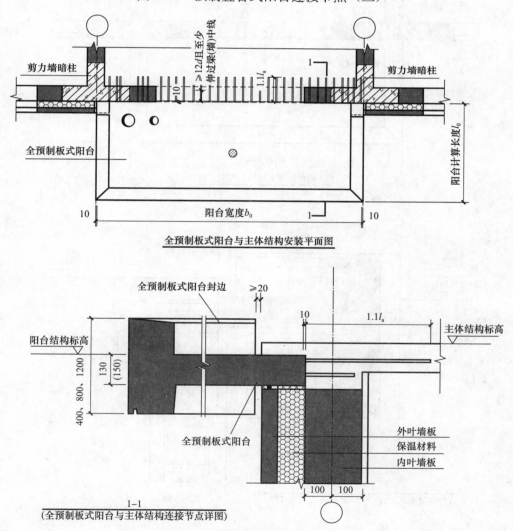

全预制板式阳台与主体结构安装平面图

1—1
（全预制板式阳台与主体结构连接节点详图）

图 2-18 全预制板式阳台连接节点

体结构梁板筋可靠绑扎，浇筑成整体，负弯矩筋伸入主体结构水平段长度不应小于 $1.1l_a$。其节点构造如图 2-20 所示。

2.2.5 预制楼梯节点

预制钢筋混凝土楼梯包括楼板平台和楼梯。楼梯上端置于上层楼

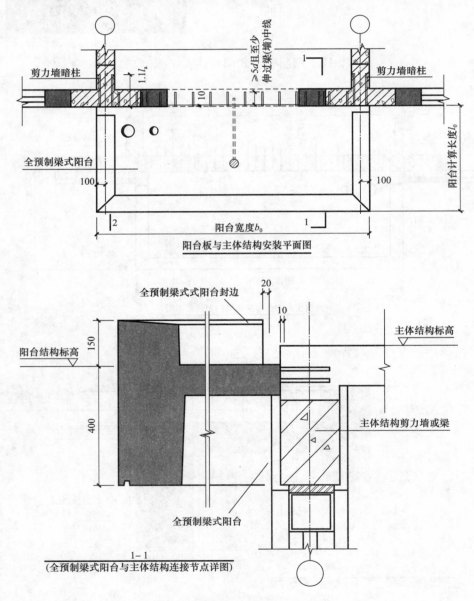

图 2-19 全预制梁式阳台连接节点（一）

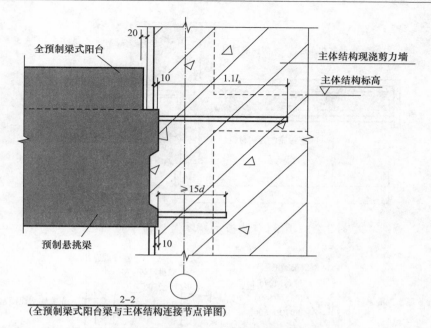

图 2-19　全预制梁式阳台连接节点（二）

板上，楼梯与上层楼板之间使用聚苯填充，并使用水泥砂浆找平；楼梯下端置于下层楼板上，楼梯与下层楼板之间隔有油毡，并使用水泥砂浆找平。安装时，将待连接预制楼梯运输到现场，吊装到安装部位通过垫片调整其正确位置后，对正相应的预留锚固钢筋并进行矫正，然后在预留连接孔内浇筑混凝土灌浆料，实现可靠锚固和传导。其节点构造如图 2-21～图 2-23 所示。

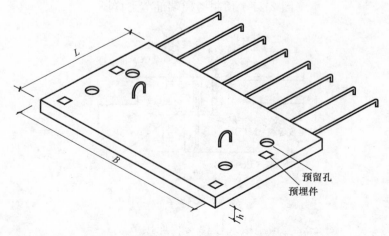

图 2-20　预制空调板示意图及连接节点（一）

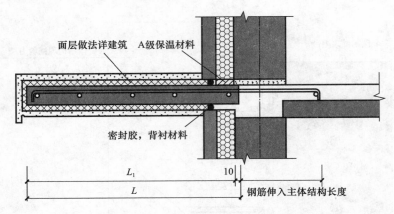

图 2-20　预制空调板示意图及连接节点（二）

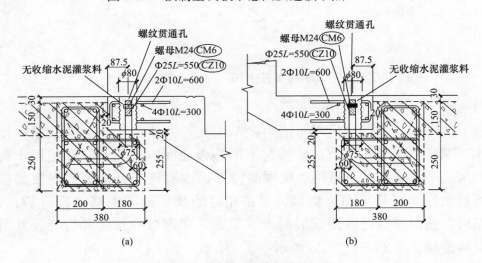

图 2-21　预制楼梯端部节点详图

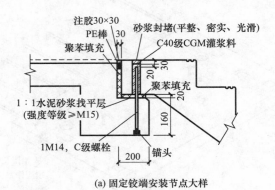

（a）固定铰端安装节点大样

图 2-22　预制板式楼梯安装连接节点大样（一）

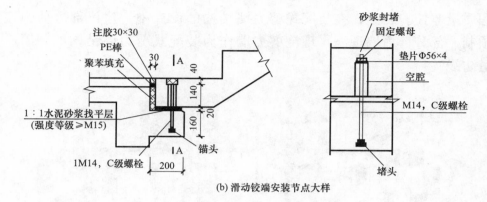

(b) 滑动铰端安装节点大样

图 2-22　预制板式楼梯安装连接节点大样（二）

图 2-23　预制板式楼梯示意图及连接节点

2.3　装配式混凝土剪力墙结构施工技术特征

2.3.1　装配式混凝土剪力墙结构的特点

近几年，装配式混凝土剪力墙结构被广泛应用于住宅、宾馆等建筑中，成为我国应用最广的一种装配式结构体系，如图 2-24 所示。

我国对混凝土剪力墙结构的规定比较慎重，行业标准《装配式混凝土结构技术规程》JGJ 1—2014 规定的适用高度低于现浇剪力墙结构：在 8 度（0.3g）及以下抗震设防烈度地区，对比同级别抗震设防烈度的现浇剪力墙结构最大适用高度通常降低 10m；当预制剪力墙底部承担总剪力超过 80% 时，建筑适用高度降低 20m。

装配式混凝土剪力墙结构的剪力墙连接面积大、钢筋直径小、钢筋间距小，连接复杂，施工过程中难做到对连接节点灌浆作业的全过程质量监控。因此，在装配式剪力墙结构的设计中，建议部分剪力墙预制、部分剪力墙现浇，现浇剪力墙作为装配式剪力墙结构的"第二道防线"。

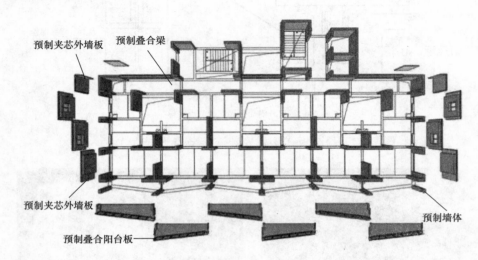

图 2-24　装配式混凝土剪力墙结构示意图

装配式混凝土剪力墙结构的关键技术在于预制剪力墙之间的拼缝连接。预制墙体的竖向缝多采用后浇混凝土连接，其水平钢筋在后浇段内锚固或搭接。具体连接做法有：

（1）竖向钢筋采用套筒灌浆连接，拼缝采用灌浆料填实。

（2）竖向钢筋采用螺旋箍筋约束浆锚搭接连接，拼缝采用灌浆料填实。

（3）竖向钢筋采用金属波纹管浆锚搭接连接，拼缝采用灌浆料填实。

（4）边缘构件竖向钢筋采用套筒灌浆连接，非边缘构件部分结合预留后浇区搭接连接。

2.3.2　套筒灌浆连接技术特征

套筒是主体结构，带肋钢筋插入套筒后，将专用灌浆料充满套筒与钢筋的间隙，灌浆料硬化后与钢筋横肋和套筒内壁形成紧密啮合，构成完整的结构体，从而实现钢筋和套筒之间的有效传力，达到Ⅰ级接头性能。如图 2-25 所示。

该连接技术在连接部位形成刚性节点，节点构造具有与现浇节点相近的受力性能，适用于装配整体式混凝土结构中直径 12～40mm 的 HRB400、HRB500 钢筋的连接。对预制构件之间的纵向钢筋进行套筒连接，根据连接钢筋规格设计不同尺寸的套筒。现阶段，应用最广泛地有全灌浆连接技术和半灌浆连接技术。

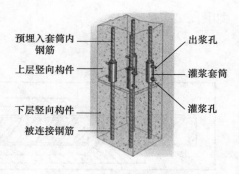

图 2-25　钢筋套筒连接

（1）钢筋套筒全灌浆连接技术

利用套筒里面的凹凸部分，两个需要被连接的钢筋从端部处插入，灌浆机从灌浆口的一端注入高强度的灌浆材料；灌浆料是有无收缩微膨胀的性能，所以在灌浆料硬化后，钢筋和套筒被紧紧结合为一个整体，由于灌浆料的性质，确保了套筒内部的密实性，在套筒的约束下，钢筋也被粘接得很牢固，如图 2-26 所示。这种连接方式有很高的抗拉抗压和连接的可靠性，整个套筒连同受力钢筋整体浇筑在预制混凝土构件中。

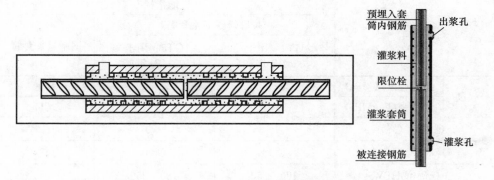

图 2-26　钢筋套筒全灌浆连接技术

（2）钢筋套筒半灌浆连接技术

预埋钢筋一端套丝，和套筒螺纹拧紧，通过螺纹之间的咬合来承担所需传递的应力；另一连接钢筋端插入套筒，浇筑不收缩的水泥基砂浆，硬化之后，通过钢筋与灌浆料、灌浆料与套筒之间的咬合作用而产生的三者之间的摩擦来传递力，从而使两根钢筋达到连接作用，如图 2-27 所示。

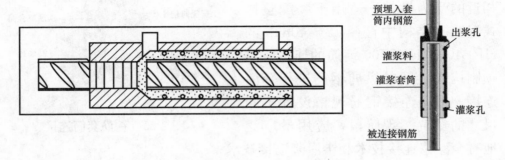

图 2-27　钢筋套筒半灌浆连接技术

套筒在整个灌浆连接过程中发挥重要作用，灌浆套筒按加工方式分为铸造灌浆套筒和机械加工灌浆套筒。铸造灌浆套筒宜选用球墨铸铁，机械加工套筒宜选用优质碳素结构钢、低合金高强度结构钢、合金结构钢或其他经过接头型式检验确定符合要求的钢材。套筒的抗拉强度、延伸率等技术性能指标应满足表 2-3 的要求。

灌浆套筒的材料性能要求　　　　　　　　　　　　表 2-3

项目		性能指标		
		球磨铸铁灌浆套筒		钢制灌浆套筒
		GT4（用于400MPa 钢筋）	GT5（用于500MPa 钢筋）	
强度	抗拉强度（MPa）	≥550	≥600	≥600
	屈服强度（MPa）	—	—	≥355
延伸率（%）		≥5	≥5	≥16
球化率（%）		≥90	≥90	—
布氏硬度 HBW		180～250	180～250	—

套筒材料在满足断后伸长率等指标要求的情况下，可采用抗拉强度超过 600MPa（如 900MPa、1000MPa）的材料，以减小套筒壁厚和外径尺寸，也可根据生产工艺采用其他强度的钢材。

灌浆料应采用水泥基灌浆料，主要性能指标应满足设计要求；当设计无具体要求时应满足表 2-4 的要求。灌浆料在满足流动度等指标要求的情况下，可采用抗压强度超过 85MPa（如 110MPa、130MPa）

的材料，以便于连接大直径钢筋、高强钢筋和缩短灌浆套筒长度。

灌浆料的材料性能要求   表 2-4

项目		性能指标	试验方法标准
抗压强度（MPa）	1d	≥35	《水泥基灌浆材料应用技术规范》GB/T 50448
	3d	≥55	
	28d	≥85	
流动度（mm）	初始	≥200	
	30min	≥150	
竖向膨胀率（%）	3h	≥0.02	
	24h 与 3h 的差值	0.02～0.5	
氯离子含量（%）		≤0.06	《混凝土外加剂均质性试验方法》GB/T 8077
泌水率（%）		0	《普通混凝土拌合物性能试验方法标准》GB/T 50080

套筒灌浆施工后，灌浆料同条件养护试件的抗压强度达到 35MPa 后，方可进行对接头有扰动的后续施工。

为满足横截面承载的要求，灌浆连接的钢筋锚固长度不小于钢筋直径的 8 倍。

应注意的是：

（1）直接承受动力荷载构件的纵向受力钢筋不应采用浆锚搭接连接；

（2）对于重要结构，如抗震等级为一级的剪力墙以及抗震等级二、三级底部加强部位的剪力墙，剪力墙的边缘构件不宜采用浆锚搭接连接；

（3）直径大于 18mm 的纵向钢筋不宜采用浆锚搭接连接。

约束浆锚搭接连接是在竖向构件下段范围内预留出竖向孔洞，下部预留钢筋插入预留孔道内注入微膨胀高强灌浆料而成的连接方式。构件制作时，通过在墙板内插入预埋专用螺旋棒，待混凝土初凝后旋转取出，使预留孔道内侧留有螺纹状粗糙面，并在孔道周围设置横向约束螺旋箍筋，形成构件竖向空洞，如图 2-28 所示。其中螺旋箍筋的保护层厚度不小于 15mm，螺旋箍筋之间净距不宜小于 25mm，螺旋箍筋下端距预制混凝土底面之间净距不大于 25mm，且螺旋箍筋开始与结束位置应有水平段，长度不小于一圈半。

金属波纹管浆锚搭接连接是在混凝土墙板内预留金属波纹管，下部预留钢筋插入金属波纹管后在孔道内注入微膨胀高强灌浆料形成的连接方式，如图 2-29 所示。金属波纹管混凝土保护层厚度一般不小于 50mm，预埋金属波纹管的直线段长度应大于浆锚钢筋长度 30mm，预埋金属波纹管的内径应大于浆锚钢筋直径不少于 15mm。

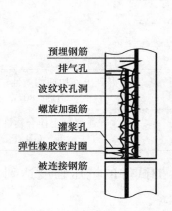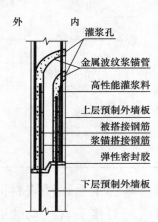

图 2-28　浆锚搭接连接　　　　图 2-29　波纹管浆锚搭接连接

2.3.3　预制剪力墙的连接技术特征

（1）上下层预制剪力墙的连接技术特性

上下层预制剪力墙的竖向钢筋，当采用套筒灌浆连接和浆锚搭接连接时，边缘构件竖向钢筋应逐根连接。预制剪力墙的竖向分布钢筋，钢筋部分连接时，被连接的同侧钢筋间距不应大于 600mm，且在剪力墙构件承载力设计和分布筋配筋率计算中不得计入不连接的分布筋，不连接的竖向分布筋直径不应小于 6mm，如图 2-30 所示。

（2）同楼层预制剪力墙的连接技术特性

同楼层预制剪力墙之间应采用整体式连接节点，一般可分为 T 形连接节点，L 形连接节点和一字形连接节点。同时，预制剪力墙的竖向接缝位置有三种：

① 接缝位于纵横墙交接处的约束边缘构件区域

当接缝位于纵横墙交接处的约束边缘构件区域时，约束边缘构件的阴影区域宜全部采用后浇混凝土，并应在后浇段内设置封闭箍筋及拉筋，预制墙板中的水平分布筋在后浇段内锚固，如图 2-31 所示。

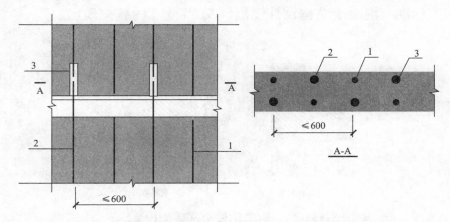

图 2-30　预制剪力墙竖向分布筋连接构造示意图
1—不连接的竖向分布筋；2—连接的竖向分布筋；3—连接接头

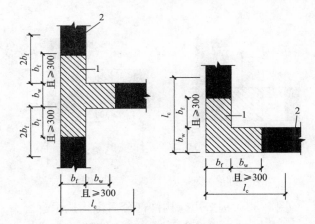

图 2-31　约束边缘构件阴影区域全部后浇构造示意
l_c—约束边缘构件沿墙肢的长度；1—后浇段；2—预制剪力墙

　② 接缝位于纵横墙交接处的构造边缘构件区域

　当接缝位于纵横墙交接处的构造边缘构件区域时，构造边缘构件宜全部采用后浇混凝土，如图 2-32 所示；当仅在一面墙上设置后浇段时，后浇段的长度不宜小于 300mm，如图 2-33 所示。

　③ 接缝位于非缘构件区域

　当接缝位于非边缘构件区域时，相邻预制剪力墙之间应设置后浇段，后浇段的宽度不应小于墙厚且不宜小于 200mm；后浇段内应设置不少于 4 根竖向钢筋，钢筋直径不应小于墙体竖向分布筋直径且不应小于 8mm；两侧墙体的水平分布筋在后浇段内的锚固、连接应符合现行国家标准《混凝土结构设计规范》GB 50010 的有关规定。

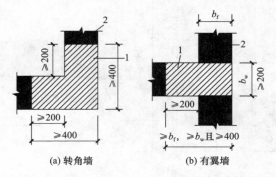

(a) 转角墙　　　　　(b) 有翼墙

图 2-32　构造边缘构件全部后浇构造示意

（阴影区域为构造边缘构件范围）

1—后浇段；2—预制剪力墙

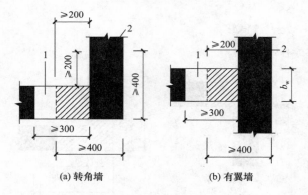

(a) 转角墙　　　　　(b) 有翼墙

图 2-33　构造边缘构件部分后浇构造示意

（阴影区域为构造边缘构件范围）

1—后浇段；2—预制剪力墙

（3）连接设计

确定剪力墙竖向接缝位置的主要原则是便于标准化生产、吊装、运输和就位，并尽量避免接缝对结构整体性能产生不良影响，如图 2-34 所示。

对于图 2-34 中约束边缘构件，位于墙肢端部的通常与墙板一起预制；纵横墙交接部位一般存在接缝，图 2-34 中阴影区域宜全部后浇，纵向钢筋主要配置在后浇段内，且在后浇段内应配置封闭箍筋及拉筋，预制墙板中的水平分布筋在后浇段内锚固。预制的约束边缘构件的配筋构造要求与现浇结构一致。

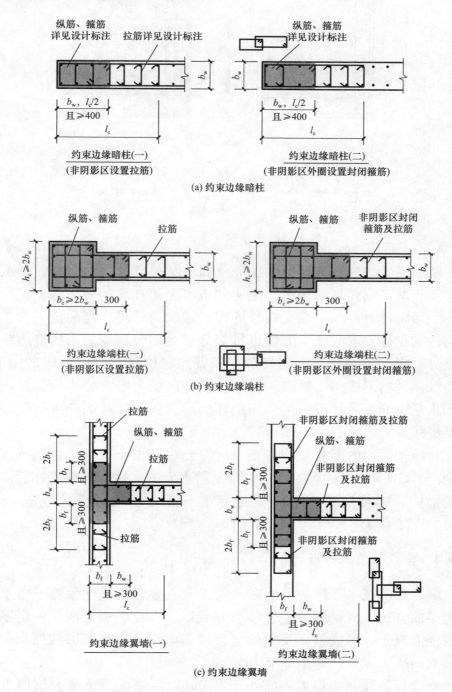

(a) 约束边缘暗柱

(b) 约束边缘端柱

(c) 约束边缘翼墙

图 2-34　预制剪力墙的后浇混凝土约束边缘构件示意（一）

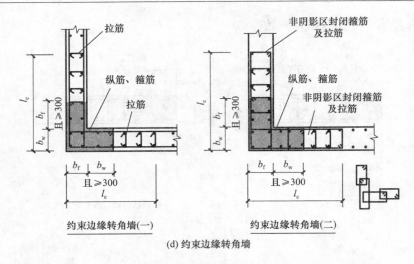

(d) 约束边缘转角墙

图 2-34　预制剪力墙的后浇混凝土约束边缘构件示意（二）

　　墙肢端部的构造边缘构件通常全部预制；当采用 L 形、T 形或者 U 形墙板时，拐角处的构造边缘构件也可全部在预制剪力墙中。当采用一字形构件时，纵横墙交接处的构造边缘构件可全部后浇；为了满足构件的设计要求或施工方便也可部分后浇部分预制。当构造边缘构件部分后浇部分预制时，需要合理布置预制构件及后浇段中的钢筋，使边缘构件内形成封闭箍筋。非边缘构件区域，剪力墙拼接位置，剪力墙水平钢筋在后浇段内可采用锚环的形式锚固，两侧伸出的锚环宜相互搭接。

　　边缘构件内的配筋及构造要求应符合现行国家标准《建筑抗震设计规范》GB 50011 的有关规定；预制剪力墙的水平分布钢筋在后浇段内的锚固、连接应符合现行国家标准《混凝土结构设计规范》GB 50010 的有关规定。

2.3.4　叠合板技术特征

　　叠合板的技术原理是采用在预制混凝土叠合底板上预埋三角形钢筋桁架的方法，现场铺设叠合楼板完成后，再在底板上浇筑一定厚度的现浇混凝土，形成整体受力的叠合楼盖，叠合底板能够按照单向受力和双向受力设计，如图 2-35 所示。

　　叠合板的预制板厚度不宜小于 60mm，后浇混凝土叠合层厚度不应小于 60mm。预制预应力混凝土薄板的混凝土强度等级不应低于

C30，预应力钢筋采用冷拔低碳钢筋或刻痕钢丝。现浇叠合层的混凝土强度等级不低于 C20，支座负钢筋采用Ⅱ级钢或Ⅰ级钢。

为了使预制板能承受现浇混凝土叠合层和施工荷载，形成整体受弯构件的"一次受力叠合结构"，在施工过程中必须设置可靠支撑，使底板在施工阶段充当模板所产生的变形很小（严格控制要求：变形△≤$l/250$，l 为底板跨度，$l<7m$），可以忽略其对结构成型后的内力和变形的影响。预制预应力混

图 2-35　预制叠合板

凝土薄板安装时，两端搁置在墙上或梁上的长度≥20mm。在预制板下跨中及支座边应设置立柱和横撑组成临时支架，支架间距应≤1.8m，支架顶面应严格抄平，以保证预制板底面平整，支承预制板的墙或梁的顶面宜比预制板底面设计标高低 20mm，形成硬架支模，在浇灌叠合层混凝土时填严形成整体。

对于双向叠合板还应特别注意技术特性：

（1）叠合楼板上下均需要做倒角，侧边可以不伸出钢筋，上倒角不小于 20mm×60mm，用于增加接缝刚度和防止钢筋锈蚀；下倒角 10mm×10mm，拼缝宽度 10mm 用于调节误差。

（2）拼缝处现浇混凝土的厚度应该大于楼板总厚度的 2/3，楼板在拼缝部位的剩余刚度应不小于总厚度的 30%，可以按照双向板受力设计。

（3）施工时，应保证拼缝部位左右叠合板底面平齐，误差不大于 3mm。

（4）拼缝钢筋数量按照不小于板底受力筋截面积的 110%，并附加两根 $\phi6$ 的通长分布钢筋。

（5）拼缝钢筋穿过桁架钢筋后应满足搭接长度。

2.3.5　预制混凝土墙技术特征

（1）预制整体剪力墙板

装配式剪力墙结构是由预制剪力墙在工厂按照设计图纸加工制作

并养护至一定强度，然后运输至现场后按施工方案在现场进行吊装组拼；墙板面预留金属预埋件，在现场采用斜支撑杆与楼板面进行临时固定，预制剪力墙与主体结构楼板面外伸钢筋采用套筒灌浆进行连接。

预制墙板装配整体式剪力墙结构的重要部分，通过连接节点的合理设计与构造，使其整体受力性能与现浇混凝土结构一致，实现等同现浇混凝土结构性能，进而使预制构件钢筋与混凝土受力状态基本保持与现浇混凝土结构相同；后浇混凝土成为重要的连接手段。预制构件不应设置于《装配式混凝土结构技术规程》JGJ 1—2014 中规定应现浇的部位。

预制混凝土剪力墙的顶部和底部与后浇混凝土的结合面应设置粗糙面；侧面与后浇混凝土的结合面应设置粗糙面，也可设置键槽。粗糙面的面积不宜小于结合面的 80%，预制墙端粗糙面凹凸深度不应小于 6mm。

预制剪力墙底部接缝宜设置在楼面标高处，并符合下列规定：接缝的高度为 20mm；接缝采用灌浆料填实；接缝处后浇混凝土上表面应设置粗糙面。

预制构件节点及接缝处后浇混凝土强度等级不应低于预制构件的混凝土强度等级；多层剪力墙结构中墙板水平接缝用坐浆材料的强度等级值应大于被连接构件的混凝土强度等级。

（2）预制外夹芯墙板

当使用预制外墙夹芯墙板时，外叶墙板厚度不应小于 50mm，且外叶墙板应与内叶墙板可靠连接；夹芯墙板的夹层厚度不大于 120mm；作为承重墙时，内叶墙板应按剪力墙进行设计。

（3）预制双面叠合剪力墙

当使用预制双面叠合剪力墙（双皮墙）体系作为住宅结构体系时，由叠合板式剪力墙和叠合板式楼板作为主要受力构件，属半装配式钢筋混凝土结构。预制叠合剪力墙由格构钢筋拉结两侧预制墙片，然后在空腔内现浇混凝土形成整体，如图 2-36 所示。其格构钢筋包括三根截面呈等腰三角形的上下弦钢筋和弯折成形的斜向腹筋。后浇混凝土和预制混凝土墙片整体受力，共同承担外部荷载。

普通预制剪力墙，在工厂预制好墙体，现场通过向预留的注浆孔灌注混凝土，将已经建好的墙体和工厂预制的墙体连接成一个整体；预制双面叠合剪力墙的竖向连接则是通过空腔内插筋，然后向空腔内浇筑混凝土，将上下墙体连接成整体。预制叠合剪力墙的竖向连接方式增大了结合面，连接方式可靠。

预制双面叠合剪力墙由于有空腔的存在，同样宽度和高度的墙体重量要比普通剪力墙轻 1/2 左右，所以更方便于现场吊装。

叠合墙体总厚度＝墙体单页厚度×2＋空腔厚度；其中，内外叶预制墙体单叶厚度≥50mm，空

图 2-36　预制双面叠合剪力墙

腔厚度≥100mm。因此，叠合墙最小厚度为 200mm。空腔厚度主要由水平抗剪计算确定，但也不宜过小，因为过小的空腔会导致混凝土振捣质量不易控制。

叠合剪力墙由于桁架筋的存在，会对混凝土振捣产生一定影响。为满足振捣要求，叠合墙空腔内混凝土需要采用自密实混凝土，或采用最大粒径小于 25mm 的混凝土。

叠合墙由于内外页厚度只有 50mm，在浇筑空腔混凝土的时候，为避免将内外叶墙胀裂，需要根据浇筑混凝土产生的压力设计螺栓孔，便于穿螺栓施工。

叠合墙的上下墙之间墙间距不小于 50mm。叠合墙竖向连接钢筋截面需要满足接缝处水平抗剪的要求，这是由水平抗剪计算确定的。竖向钢筋需要与内外叶墙留有一定间距，以保证钢筋的握裹力。

叠合墙与现浇墙通过预制墙内伸出的水平钢筋连接成为一体，此种连接方式保证即使内外叶墙没有被桁架筋连接牢固也能使内外叶墙很好地与现浇墙连接为一体。有些地区通过空腔内设置短钢筋与暗柱连接为一体，此种方式施工更方便，但是对构件生产和施工都有较高的要求。

预制墙板（双皮墙）与预制楼板连接构造如图 2-37 所示，竖向连接构造如图 2-38 所示。

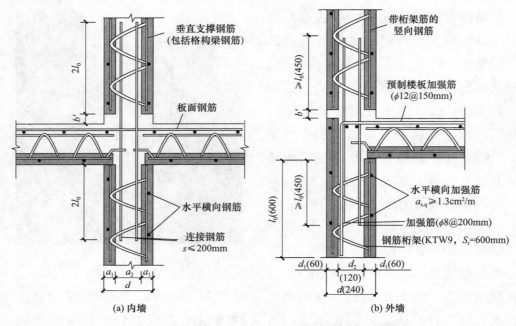

图 2-37　预制墙板（双皮墙）与预制楼板连接构造

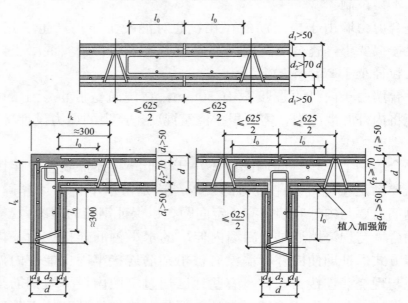

图 2-38　预制墙板（双皮墙）竖向连接构造

2.3.6　预制楼梯技术特征

PC 楼梯由预制楼梯段和预制休息平台组成，运输至现场后进行吊装组拼；预制休息平台（预制梯梁）底部支撑立杆采用三角支撑架固定，预制休息平台（预制梯梁）搁置在剪力墙或者框架柱上，预制楼梯段搁置在预制休息平台（预制梯梁）上，采用铰接连接。

楼梯平台板和楼梯梁宜采用现浇结构，平台板的厚度不应小于100mm。

预制楼梯侧面应设置连接件与预制墙板连接，连接件的水平间距不宜大于 1.0m。

预制楼梯与支撑构件之间宜采用简支连接，宜一端设置固定铰，另一端设置滑动铰，其转动及滑动变形能力应满足结构层间位移的要求。预制楼梯设置滑动铰的端部应采用防止滑落的构造措施。

预制楼梯梯板上部应配置通长的构造钢筋，配筋率不宜小于 0.15%；下部钢筋按计算确定；分布筋直径不宜小于 6mm，间距不宜大于 250mm。预制楼梯端部在支撑构件上的最小搁置长度应符合表 2-5 的规定。

预制楼梯在支撑构件上的最小搁置长度　　　　　　表 2-5

抗震设防烈度（度）	6	7	8
最小搁置长度（mm）	75	75	100

预制楼梯端部坐浆的水泥砂浆的强度应满足设计要求。设计无要求时，砂浆强度应高于楼梯混凝土强度 1 个等级。

第3章

装配整体式结构施工质量标准化

3.1 转换层施工

3.1.1 转换层概述

所谓转换层，就是现浇结构与构件装配结构的过渡层。在装配整体式混凝土剪力墙结构工程中，特别是高层装配整体式混凝土剪力墙结构底部的1～4层采用现浇结构加强层，一是底部加强层往往因建筑功能的需要，设计不规则以及构件截面大且配筋较多，不利于构件的连接；更主要的是通过底部加强层提高整体结构的抗震性能。

（1）施工特点

在装配整体式混凝土剪力墙结构中，转换层作为下部现浇混凝土结构与上部装配式混凝土结构的过渡转换，插筋、预埋件施工精度和混凝土成型质量要求高，具有要求严的特点。转换层施工质量保证构件顺利安装的必要条件。

（2）施工难点

① 预插连接钢筋控制难、质量要求高。预制混凝土剪力墙与转换层通过钢筋套筒灌浆连接；转换层采用的是现浇混凝土，在混凝土浇筑之前，需要将连接钢筋插入现浇墙体中，插筋定位难度大，固定措施复杂；插筋的位置、插入长度、外露长度等精度要求高。

② 预埋件的埋设精度要求高，直接关系到上部预制墙板的安装精度。转换层施工时，应将预制墙板斜支撑的预埋件等提前埋设，这些预埋件的定位精度要求高，施工步骤多，操作复杂。

③ 转换层混凝土成型质量要求高，插筋位置混凝土收面难度大。转换层混凝土成型的平整度、连接面凿毛质量对预制墙板安装的垂直度、下口灌浆连接质量等都有重大影响。

（3）钢筋定位器的制作

插筋施工是转换层施工的重点，插筋的施工质量将直接影响首层预制剪力墙的安装。若其位置不准确，上部预制剪力墙将不能顺利安装到位或导致预制墙体整体跑位；若其外露长度不准确，将影响上部预制剪力墙下口钢筋套筒的连接长度，都将影响剪力墙的受力性能。这就需要在现浇混凝土墙柱身顶部设置钢筋定位器对转换层的钢筋进行整体定位，以保证插筋的质量。

钢筋定位器宜采用镀锌钢板，按照拟安装的预制混凝土剪力墙的套筒位置和孔径精确开孔，如图 3-1 所示。

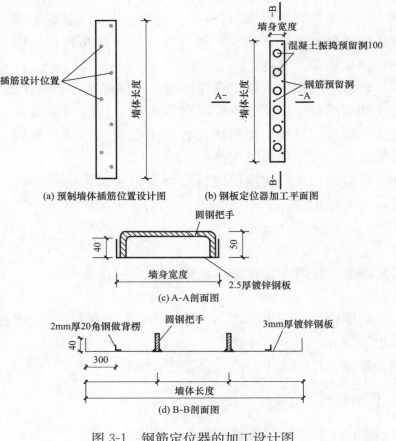

图 3-1 钢筋定位器的加工设计图

3.1.2 施工工艺流程

放测墙（柱）连接钢筋定位线→钢筋插设及固定→模板支设→竖向结构混凝土浇筑→钢筋（插筋）矫正→水平结构混凝土浇筑→墙（柱）位置混凝土收面

3.1.3 控制要点

（1）插筋施工前，在墙边一侧 200mm 位置的板模板上放出插筋定位线。为避免出现累积误差，控制线必须从首层基准点引出，定位线从楼层控制线引出。

（2）转换层分两次浇筑混凝土，竖向结构浇筑到板底（或插筋底部位置）停止浇筑，调整竖向钢筋（插筋）定位，并用钢筋定位器固定钢筋骨架，防治浇筑水平结构时钢筋偏位。

（3）待水平钢筋验收完毕合格后浇筑混凝土。混凝土浇筑时应严格控制成型质量，特别是墙、柱根部等部位保证结构轮廓顺直，不缺棱掉角，保证楼面平整度。

（4）转换层应按施工深化设计预埋斜支撑连接件，确保定位准确。

（5）楼面混凝土浇筑后应及时腹膜养护，待达到承荷强度时方可在楼面弹出墙身定位线、控制线、各类中心线及标高控制线，并用红油漆标识清楚，方便吊装时校核。

（6）吊装前，应对转换层进行全面质量会诊，排查影响吊装的各种因素，并做好记录。

3.1.4 质量要求

（1）钢筋定位器固定在墙体混凝土浇筑完成面标高以上 20mm 的位置。

（2）钢筋定位器钢板厚度不应小于 3mm，定位孔边到钢板边缘的间距不小于 20mm。

（3）预埋螺栓安装中心向允许偏差 2mm。

3.1.5 典型照片

转换层施工的定钢板及典型照片如图 3-2 所示。

(a) 钢筋定位钢板　　　　　　　　　　　　　(b) 钢筋校正

图 3-2　转换层施工典型照片

3.2　预制混凝土剪力墙

3.2.1　施工工艺流程

放线抄平→预制外墙板吊装→预制内墙板吊装→塞缝灌浆→绑扎墙身钢筋及封板→提升安装外防护架→搭楼板支架及吊装叠合楼板预制板→安装机电管线→绑扎楼面钢筋→浇筑混凝土，如图 3-3 所示。

3.2.2　控制要点

（1）抄平放线

① 宜采用"内控法"放线，在建筑物的基础层根据设置的轴线控制桩，用垂准仪和经纬仪进行以上各层控制轴线投测。根据控制轴线依次放出建筑物的纵横轴线，依据各层控制轴线放出本层构件的细部位置线和构件控制线。轴线方向偏差不得超过 2mm。

预制构件在吊装前应在表面标注墙身线及 500mm 控制线，用水准仪控制每件构件的水平。在混凝土浇筑时，应将墙身预制构件位置浇筑面的水平误差控制在±3mm之内。

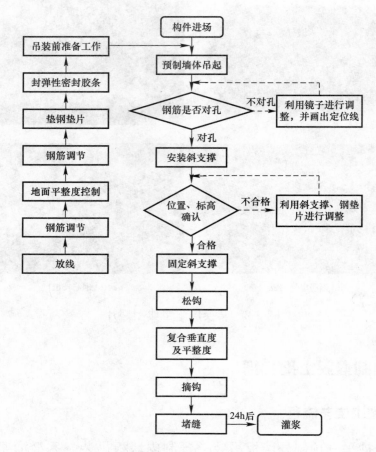

图 3-3　预制剪力墙施工工艺流程图

② 根据楼内主控线，放出墙体安装控制线、边线、预制墙体两端控制线，如图 3-4 所示。

③ 钢筋校正，根据预制墙板定位线，使用钢筋定位框检查预留钢筋位置的准确性，及时调整偏差，如图 3-5 所示。

④ 垫片找平，预制墙板下口与楼板间设计有 20mm 的缝隙（灌浆用）。预制构件吊装前，在所有构件框架线内取构件长度 1/4 的两点铁垫片找平，垫起总厚度 20mm，如图 3-6 所示。

（2）预制外墙板吊装

① 做好安装前的准备工作，对转换层插筋部位按图纸依次校正，同时将基层垃圾清理干净；松开吊架上用于稳定构件的侧向支撑木楔

做好起吊准备。

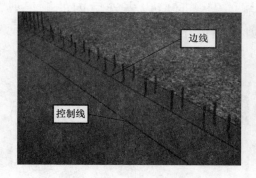

图 3-4　边线和控制线　　　　　　　　　图 3-5　钢筋定位框

图 3-6　钢垫片及钢垫片放置示意图

　　② 预制外墙板吊装时将吊扣与吊钉进行连接，再将吊链与吊梁连接，要求吊链与吊梁接近垂直；PCF 板通过角码连接，角码固定于预埋在相邻剪力墙及 PCF 板内的螺丝。开始起吊时应缓慢进行，待构件完全脱离支架后方可匀速提升，如图 3-7 所示。

图 3-7　预制外墙板吊装示意图

③ 预制剪力墙就位时，人工扶正预埋竖向外露连接钢筋与预制剪力墙预留孔洞一一对应插入；预制墙体安装时应以先外后内的顺序，相邻剪力墙连续安装，PCF 板待外剪力墙体吊装完成及调节对位后开始吊装，如图 3-8 所示。

图 3-8　预制剪力墙吊装与插筋

④ 预制剪力墙就位后，应及时用螺栓和膨胀螺丝将可调节支撑固定在构件及现浇完成的楼面上，以防预制剪力墙发生倾斜等现象；通过调整斜支撑和底部的固定角码对预制剪力墙各墙面进行垂直进行定位、垂直平整检测校正，预制剪力墙达到设计要求进度后固定，如图 3-9 所示。

图 3-9　预制剪力墙斜支撑固定与角码固定

⑤ 待预制剪力墙的斜向支撑及固定角码全部安装完成后方可摘钩；同时，对已完成吊装的预制墙板进行校正。

墙板垂直方向可采取下列校正措施：剪力墙构件垂直度调节采用

可调节斜拉杆（应能承受拉压力），每一块预制墙构件在一侧设置 2 道可调节斜拉杆，用 4.8 级 Φ16×40mm 螺栓将斜支撑固定在预制剪力墙构件上，底部用预埋落实支撑固定在楼板上，通过对斜支撑的调节螺丝的转动产生的推力校正垂直度，校正后应将调节把手锁死以防松动，保证安全，如图 3-10 所示。

（a）　　　　　　　　　　　　　（b）

图 3-10　转动斜支撑杆件、调节墙体垂直度与斜向支撑加固

（3）塞缝灌浆

① 灌浆材料机具应准备齐全，性能完好。主要包括：

与灌浆匹配的灌胶料、普通灌浆料、坐浆料、塞缝料。

压力灌浆泵、应急用手动灌浆枪、电动搅拌器、电子秤、水桶。

垫片、胶条、胶塞等。

灌浆料试块模具、流动性检测模具。

② 墙体灌浆

墙板外侧应于吊装前在相应位置粘贴 30mm×30mm 的橡胶条，不得侵占混凝土结构截面。内墙板应于吊装前在下口边铺设封缝坐浆料。

外墙板校正完成后，使用塞缝料将外墙板外露面与楼面间的缝隙填嵌密实，与吊装前粘贴的橡胶条牢固连接形成密闭空腔。内墙板校正完成后，也使用塞缝料将内墙板外露面与楼面间的缝隙填嵌密实，与吊装前铺设的封缝坐浆料牢固连接形成密闭空腔。当采用连通腔灌浆法时，单仓长度不宜大于 1.5m。

除却初插灌浆嘴的灌浆孔外，其他灌浆孔用橡皮塞封堵密实。

灌浆应使用专业设备，严格按照厂家当期提供配比调配灌浆料，将调配好的水泥浆料搅拌均匀后倒入灌浆专用设备中保证灌浆料的流动性。灌浆料应在制备后 0.5h 内用完。

使用截锥圆模检查拌合后的浆液流动度，保证流动度不小于 300mm。

将拌合后的浆液导入注浆泵，启动注浆泵，待灌浆泵嘴流出浆液成线时，将灌浆嘴插入预制剪力墙预留的下方小孔里，按中间向两边扩散的原则开始灌浆。灌浆分区的长度满足设计要求，但不得大于 1.5m。灌浆施工时的环境温度应在 5℃ 以上，必要时，应对连接处采取保温加热措施，保证浆料在 48h 凝结硬化过程中连接部位的温度不低于 10℃。灌浆后 24h 内不得使剪力墙构件和灌浆层受到震动、碰撞。灌浆全过程应由监理人员旁站。

间隔一段时间后，上排出浆孔会逐个流出浆液，待浆液成线状流出时，立即塞入专用胶塞堵住孔口，持压 30s 后抽出下方小孔里的注浆管，同时用专用胶塞堵住下孔。其他预留孔依次同样注满，不得漏注，每个孔洞必须一次注满，不得间隙多次注浆。

当个别上出浆孔未出浆时，应使用钢丝通透该出浆孔，直至浆液成线状流出。若仍无浆液流出时，则使用该出浆孔对应的下排注浆孔进行注浆，直至该孔位浆液流出。

与灌浆套筒匹配的灌浆料依照每个施工段的所取试块组进行抗压检测。每个施工段，取样送检一次。每个施工段留置 2 组试块送检（一组标养、一组同条件养护），每组三个试块，试块尺寸为 70.7 mm×70.7 mm×70.7mm。

③ 绑扎墙身钢筋及封板：

内外墙校正固定后，进行后浇墙身节点钢筋帮扎，以增强构件的整体牢固性，如图 3-11 所示。但对于影响预制墙体安装的部分箍筋，待预制墙板安装就位后绑扎。

钢筋绑扎验收合格后，支设后浇节点处模板；宜采用铝合金模板。

混凝土浇筑应布料均匀。后浇段混凝土浇筑应采取可靠措施，防止模板、相连构件、钢筋、预埋件及其定位件移位。后浇段混凝土应连续浇筑并振捣密实。

预制剪力墙体斜向支撑应在墙体后浇段拆模后拆除。后浇段侧模应在混凝土强度达到 2.5MPa，且能保证其表面及棱角不因拆模而受损后，方可拆模。

按照图纸设计要求，将暗柱的箍筋和预制墙板外漏的钢筋绑扎固定，从暗柱顶端插入竖向钢筋，再将箍筋与竖向钢筋绑扎固定

图 3-11　绑扎墙身钢筋

3.3　吊装准备

3.3.1　工艺流程

在构件吊装之前，必须切实做好各项准备工作，包括场地清理、安装部位检查、预制构件的确认、吊装机具的准备、工作人员就绪、吊装设备的状态确认等。

工艺流程：准备吊具→联接吊点→安全连接确认检查→吊升→下落→对位→入位→校正位置→作业人员固定、安装预制构件。

3.3.2　控制要点

（1）应准确弹出竖向构件的定位线及控制线，弹出门窗洞口、阳台、阳台隔板、空调板等中心线，并做好划线标示。

（2）构件吊装前应使用垫片调整标高，确保垫片面标高一致。

（3）应控制混凝土浇筑成型质量，特别是反坎、降板、企口等部位，保证轮廓顺直、平整，定位准确。

（4）墙身线弹出后应使用定位钢板对灌浆套筒连接钢筋进行定位调整，避免吊装时钢筋对位不准，调整定位后应检查钢筋长度，确保长度一致，断面整齐。

（5）墙根部应进行凿毛处理，并清理干净。

（6）预制构件进场应进行验收，未经验收合格的构件不得吊装上楼。

（7）构件吊装前要检查起吊机械、索具、吊钩等完好性、功能性。

3.3.3 质量要求

定位放线与钢筋二次校正如图 3-12 所示，其质量要求为：

（1）定位线及控制线允许偏差 5mm。

（2）套筒连接钢筋位置允许偏差 3mm，外伸长度允许偏差±5mm。

3.3.4 典型照片

定位放线与钢筋二次校正如图 3-12 所示。

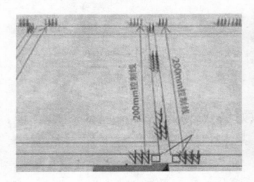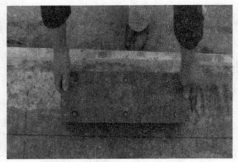

图 3-12 定位放线与钢筋二次校正

3.4 预制构件吊装

3.4.1 预制柱吊装

1. 工艺流程

预制柱识别→挂钩→起吊检查→起吊→就位→钢筋对孔→落位→安装斜支撑→垂直度调整→临时固定→松钩

2. 控制要点

（1）吊装时应根据吊装顺序识别预制柱构件，检查预制柱有无异常情况。

（2）挂钩时应检查鸭舌扣是否牢固扣住吊钉，鸭舌帽是否压住鸭嘴。

（3）构件吊离地面约 500mm 时停止起吊，检查预制柱起吊状态是否平稳，是否有异常情况，待构件平稳后方可吊装上楼。

（4）预制柱吊至离楼面约 1500mm 时，吊装工人手扶预制柱稳住构件，就位时应注意柱体方向，调整构件方向后，缓缓降落就位。

（5）预制柱落位时应使用反光镜检查钢筋对孔情况，有偏差时及时调整。

（6）在四个柱角位置使用垫片进行标高找平。

（7）预制柱内留置的防雷接地引下线应与现浇结构部分可靠连接。

（8）预制柱就位后及时安装斜支撑，进行临时固定。

（9）对单个构件高度超过 10m 的预制柱需增设缆风绳，缆风绳应四面对称布置。

3. 质量要求

（1）预制柱落位后底部接缝宜为 20mm。

（2）预制柱安装的位置和尺寸允许偏差应符合表 3-1 的规定。

预制柱安装位置和尺寸允许偏差　　　　　表 3-1

项目			允许偏差（mm）
构件轴线	竖向构件（柱、墙板、桁架）		8
	水平构件（梁、楼板）		5
标高	梁、柱、墙板 楼板底面或顶面		±5
构件垂直度	柱、墙板安装后的高度	≤6m	5
		>6m	10
构件倾斜度	梁、桁架		5
相邻构件平整度	梁、楼板底面	外露	3
		不外露	5
	柱、墙板	外露	5
		不外露	8
构件搁置长度	梁、板		±10
支座、支垫中心位置	板、梁、柱、墙板、桁架		10
墙板接缝宽度			±5

4. 典型照片（图 3-13、图 3-14）

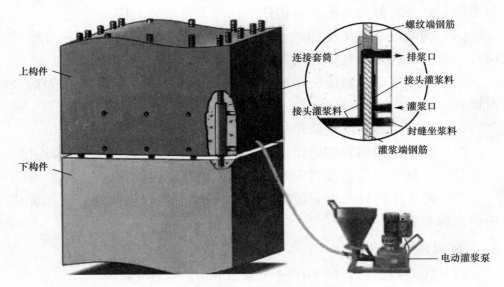

图 3-13　预制柱连接节点示意图

3.4.2　预制墙板(含异形墙板)吊装

1. 工艺流程

预制墙板识别→挂钩→起吊检查→起吊→就位→钢筋对孔→落位→安装斜支撑→垂直度调整→临时固定→松钩

2. 控制要点

图 3-14　预制柱安装就位

（1）吊装时应根据构件吊装顺序识别预制墙板，检查构件有无异常情况。

（2）当构件较大或较重时应使用专用吊梁。

（3）挂钩时应按方案选择正确的吊点挂钩，检查鸭舌扣是否牢固扣住吊钉，鸭舌帽是否压住鸭嘴。

对于带飘窗外墙，飘窗平衡螺母应满足挂钩要求，起吊时应将飘窗平衡螺母作为一个辅助吊点挂钩起吊，确保构件平衡起吊落位。

（4）起吊时构件吊离地面约 500mm 停止起吊，检查构件起吊状态是否平稳，是否有异常情况，待构件平稳后方可吊装上楼。

（5）预制墙板吊至离楼面约 1500mm 时，吊装工人手扶稳住构件，就位时应注意构件方向，缓缓降落就位。

（6）预制墙板落位时应检查钢筋对孔情况，有偏差时及时调整。

带飘窗外墙吊装就位时，应核对中心线位置，避免飘窗层间错位。

"三明治"外墙吊装就位时，应控制墙板外立面平齐，避免影响后期装修。

吊装就位时，应控制相邻的接缝保证上下缝宽均匀，避免出现喇叭形竖缝。

吊装就位时应控制标高，保证落位后构件顶面平齐。

带转角的 PCF 板吊装时，应控制转角处层间错台，保证两个立面与相邻构件平齐。

3. 质量要求

（1）预制墙板底部水平接缝宜为 20mm。

（2）预制墙板两侧高低差允许偏差为 10mm。

（3）相邻异形构件竖缝缝宽允许偏差为 5mm。

（4）构件吊装时中心线位置允许偏差为 5mm。

（5）预制墙板安装的位置和尺寸允许偏差应符合表 3-2 的规定。

预制墙板安装位置和尺寸允许偏差 表 3-2

项目			允许偏差（mm）
构件轴线	竖向构件（柱、墙板、桁架）		8
	水平构件（梁、楼板）		5
标高	梁、柱、墙板 楼板底面或顶面		±5
构件垂直度	柱、墙板安装后的高度	≤6m	5
		>6m	10
构件倾斜度	梁、桁架		5
相邻构件平整度	梁、楼板底面	外露	3
		不外露	5
	柱、墙板	外露	5
		不外露	8

续表

项目		允许偏差（mm）
构件搁置长度	梁、板	±10
支座、支垫中心位置	板、梁、柱、墙板、桁架	10
墙板接缝宽度		±5

4. 典型照片

预制外墙典型节点图和施工照片如图 3-15、图 3-16 所示。

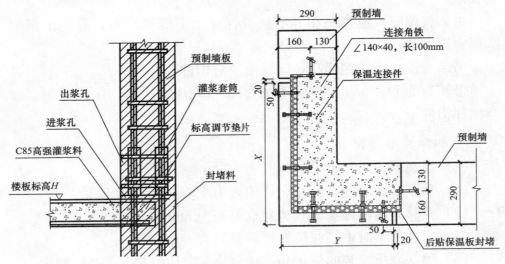

图 3-15　预制外墙板和预制 PCF 板安装节点示意图

图 3-16　预制外墙板和预制飘窗外墙板安装就位

3.4.3　预制叠合梁吊装

1. 工艺流程

构件识别→挂钩→起吊检查→起吊→就位→吊线检查→落位→构

件校正→临时固定→松钩

2. 控制要点

（1）吊装时应根据构件吊装顺序识别构件，检查构件有无异常情况。

（2）当构件较大或较重时使用专用吊具。

（3）挂钩时应按方案要求选择正确的吊点挂钩，检查鸭舌扣是否牢固，是否扣住吊钉，鸭舌帽是否压住鸭嘴。

（4）起吊时构件吊离地面约500mm时停止起吊，检查构件起吊状态是否平稳，是否有异常情况，待构件平稳后方可吊装上楼。

（5）预制叠合梁吊至离楼面约1500mm时，吊装工人手扶稳住构件，就位时应注意构件方向，缓缓降落就位。

（6）叠合梁落位时使用吊线检查梁中心线与下层楼面梁中心控制线偏差情况，梁两端与墙体搭接均匀，定位调整时避免用钢撬棍直接撬动构件，防止造成构件破损。

（7）叠合梁落位后应通过调节钢支撑来调整梁标高，当梁底部略高出墙体顶面时，应采取塞泡沫条等措施封堵构件缝隙。

（8）叠合梁定位调整后应及时采取措施临时固定，避免扰动。

（9）叠合梁两侧边与叠合板或现浇板连接时，应注外伸钢筋是否变形，锚固长度是否符合要求。

3. 质量要求

叠合梁安装的位置和尺寸允许偏差应符合表3-3的规定。

4. 典型照片

预制梁柱安装节点和叠合梁典型节点图和施工照片如图3-17、图3-18所示。

叠合梁安装位置和尺寸允许偏差　　　　　　　　表3-3

项目		允许偏差（mm）
构件轴线	竖向构件（柱、墙板、桁架）	8
	水平构件（梁、楼板）	5
标高	梁、柱、墙板楼板底面或顶面	±5
构件垂直度	柱、墙板安装后的高度 ≤6m	5
	>6m	10

续表

项目			允许偏差（mm）
构件倾斜度	梁、桁架		5
相邻构件平整度	梁、楼板底面	外露	3
		不外露	5
	柱、墙板	外露	5
		不外露	8
构件搁置长度	梁、板		±10
支座、支垫中心位置	板、梁、柱、墙板、桁架		10
墙板接缝宽度			±5

图 3-17　梁柱节点安装示意图　　　　图 3-18　预制叠合梁安装就位

3.4.4　预制叠合板底板吊装

1. 施工工艺流程

构件识别→挂钩→起吊检查→起吊→就位→吊线检查→落位→构件定位校正→松钩；如图 3-19 所示。

2. 控制要点

（1）吊装时应根据构件吊装顺序识别构件，检查构件有无异常情况。

（2）叠合板起吊时应使用专用平衡吊架。

（3）挂钩时应按方案要求选择正确的吊点挂钩，应检查鸭舌扣是否牢固，是否扣住吊钉，鸭舌帽是否压住鸭嘴。

（4）检查挂钩无误后，开始起吊，构件吊离地面约 500mm 时停止起吊，检查构件起吊状态是否平稳，是否有异常情况，待构件平稳后方可吊装上楼。

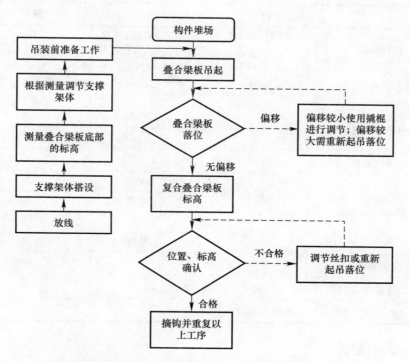

图 3-19　叠合板施工工艺流程图

（5）叠合板底板吊至离楼面约 1500mm 时，吊装工人手扶稳住构件，就位时应注意构件方向，缓缓降落就位。

（6）叠合板落底板位时使用吊线检查叠合板中心线与楼面板中心控制线偏差情况，叠合板两端与墙体搭接均匀，定位调整时避免用钢撬棍直接撬动构件、防止造成构件。

（7）叠合板底板落位后应通过调节钢支撑来调整板底标高，当板底部略高出墙体顶面时，应采取塞海绵条等措施封堵构件缝隙。

（8）叠合板底板定位后，应注意外伸钢筋情况，钢筋是否变形，锚固长度是否符合要求，并应及时调整。当有后浇板带时，要保证其正确留置。

3. 质量要求

叠合板的预制底板安装的位置和尺寸允许偏差应符合表 3-4 的规定。

叠合板预制底板安装位置和尺寸允许偏差　　　表 3-4

项目			允许偏差（mm）
构件轴线	竖向构件（柱、墙板、桁架）		8
	水平构件（梁、楼板）		5
标高	梁、柱、墙板 楼板底面或顶面		±5
构件垂直度	柱、墙板安装后的高度	≤6m	5
		>6m	10
构件倾斜度	梁、桁架		5
相邻构件平整度	梁、楼板底面	外露	3
		不外露	5
	柱、墙板	外露	5
		不外露	8
构件搁置长度	梁、板		±10
支座、支垫中心位置	板、梁、柱、墙板、桁架		10
墙板接缝宽度			±5

4. 典型照片

预制叠合板安装节点和典型照片如图 3-20、图 3-21 所示。

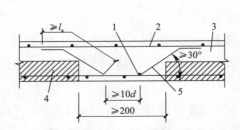

图 3-20　预制叠合板安装节点示意图　　　图 3-21　预制叠合板安装就位图

1—通长构造钢筋；2—后浇层内钢筋；3—后
浇混凝土叠合层；4—预制板；5—纵向受力钢筋；
l_a—钢筋的锚固长度；d—通长构造钢筋的直径

3.4.5　预制阳台板（含空调板）吊装

1. 工艺流程

构件识别→挂钩→起吊检查→起吊→就位→落位→构件位置校

正→松钩

2. 控制要点

（1）吊装时应根据构件吊装顺序识别构件，检查构件有无异常情况。

（2）挂钩时应按标识选择正确的吊点挂钩，应检查鸭舌扣是否牢固扣住吊钉，鸭舌帽是否压住鸭嘴。

（3）检查挂钩无误后，开始起吊，构件吊离地面约 500mm 时停止起吊，检查构件起吊状态是否平稳，是否有异常情况，待构件平稳后方可吊装上楼。

（4）阳台板（空调板）吊至离楼面约 1500mm 时，吊装工人手扶稳住构件，缓缓降落就位。

（5）阳台板（空调板）落位时应检查阳台板中心线与楼面中心控制线偏差情况，使用吊线检查阳台层间错台情况。

（6）阳台板（空调板）落位后应通过调节钢支撑调整板底标高；当板底部略高出墙体顶面时，应采取塞海绵条等措施封堵构件缝隙。

（7）阳台板（空调板）落位后、精确调整定位时避免用钢撬棍直接撬动构件，应采取垫木等成品保护措施、防止造成构件破损。

（8）阳台板（空调板）定位后、应注意外伸钢筋情况，钢筋是否变形，锚固长度是否符合要求。

3. 质量要求

预制阳台板（空调板）按照楼板的质量要求进行中心线和标高控制，其安装位置和尺寸允许偏差应符合表 3-5 的规定。

预制阳台板（空调板）安装位置和尺寸允许偏差　　　表 3-5

项目			允许偏差（mm）
构件轴线	竖向构件（柱、墙板、桁架）		8
	水平构件（梁、楼板）		5
标高	梁、柱、墙板楼板底面或顶面		±5
构件垂直度	柱、墙板安装后的高度	≤6m	5
		>6m	10
构件倾斜度	梁、桁架		5

续表

项目			允许偏差（mm）
相邻构件平整度	梁、楼板底面	外露	3
		不外露	5
	柱、墙板	外露	5
		不外露	8
构件搁置长度	梁、板		±10
支座、支垫中心位置	板、梁、柱、墙板、桁架		10
墙板接缝宽度			±5

4. 典型照片

预制阳台板安装节点和典型照片如图 3-22、图 3-23 所示。

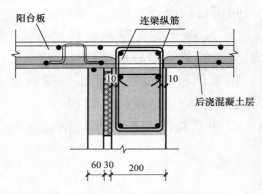

图 3-22　预制阳台板节点安装示意图　　图 3-23　预制阳台板安装就位

3.4.6　预制外挂板吊装

1. 工艺流程

构件识别→挂钩→水平起吊检查→起吊→翻转→竖直起吊检查竖直起吊→就位→落位→底部螺栓连接→校正→顶部螺栓连接→校正松钩

2. 控制要点

（1）吊装时应根据构件吊装顺序识别构件，检查构件有无异常情况。

（2）外挂板起吊时应使用专用吊架，起吊时应保持构件平衡。

（3）挂钩时应按标识选择正确的吊点挂钩，应检查鸭舌扣是否牢固扣住吊钉，鸭舌帽是否压住鸭嘴。

（4）检查挂钩无误后，开始起吊，构件吊离地面约 500mm 时停止起吊，检查构件起吊状态是否平稳，是否有异常情况；待构件平稳后方可吊装上楼。

（5）叠合板吊至离楼面约 1500mm 时，吊装工人手扶稳住构件，就位时应注意构件方向，缓缓降落就位。

（6）构件翻转后应重新挂钩，在外挂板吊钉挂钩起吊时应注意吊带两边对称，保持构件平衡。

（7）挂板就位后应用木棍撬动挂板调整精确位置，不应直接使用钢钎，防止破坏挂板。

3. 质量要求

外挂板按照墙板的要求控制安装精度，其安装的位置和尺寸允许偏差应符合表 3-6 的规定。

外挂墙板安装位置和尺寸允许偏差　　　　　　　　　　表 3-6

项目			允许偏差（mm）
构件轴线	竖向构件（柱、墙板、桁架）		8
	水平构件（梁、楼板）		5
标高	梁、柱、墙板 楼板底面或顶面		±5
构件垂直度	柱、墙板安装后的高度	≤6m	5
		>6m	10
构件倾斜度	梁、桁架		5
相邻构件平整度	梁、楼板底面	外露	3
		不外露	5
	柱、墙板	外露	5
		不外露	8
构件搁置长度	梁、板		±10
支座、支垫中心位置	板、梁、柱、墙板、桁架		10
墙板接缝宽度			±5

4. 典型照片

预制外挂板安装节点和典型图片如图 3-24、图 3-25 所示。

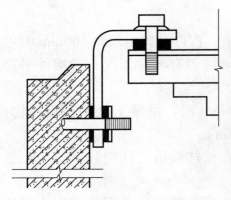 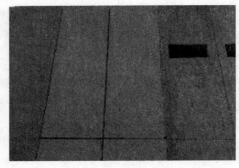

图 3-24 预制外挂板安装节点示意图　　图 3-25 预制外挂板安装就位

3.4.7 预制楼梯吊装

1. 施工工艺流程

构件识别→起吊检查→起吊→就位→落位→定位调整→松钩；如图 3-26 所示。

2. 控制要点

（1）吊装时应根据构件吊装顺序编码识别构件，检查构件有无异常情况。

（2）挂钩时应按标识选择正确的吊点挂钩，应检查鸭舌扣是否牢固扣住吊钉，鸭舌帽是否压住鸭嘴。

（3）检查挂钩无误后，开始起吊，构件吊离地面约 500mm 时停止起吊，检查构件起吊状态是否平稳，是否有异常情况，待构件平稳后方可吊装上楼。

（4）预制楼梯吊至离楼面约 1500mm 时，吊装工人手扶稳住构件，铺摊水泥砂浆；就位时应注意构件方向，缓缓降落就位。

（5）预制楼梯落位后使用钢撬棍调整构件定位，用卷尺检查楼梯边缘与控制线的距离，调整楼梯的平面位置，用垫片调整楼梯。

（6）调整楼梯定位时应采取垫木等成品保护措施、防止造成楼梯破损。

3. 质量要求

预制楼梯按照水平构件（梁、板）的要求控制安装精度，其安装的位置和尺寸允许偏差应符合表 3-7 的规定。

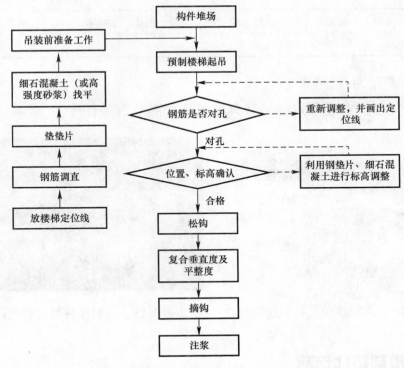

图 3-26　预制楼梯施工工艺流程图

预制楼梯安装位置和尺寸允许偏差　　　　　　　　　　　表 3-7

项目			允许偏差（mm）
构件轴线	竖向构件（柱、墙板、桁架）		8
	水平构件（梁、楼板）		5
标高	梁、柱、墙板 楼板底面或顶面		±5
构件垂直度	柱、墙板安装后的高度	≤6m	5
		>6m	10
构件倾斜度	梁、桁架		5
相邻构件平整度	梁、楼板底面	外露	3
		不外露	5
	柱、墙板	外露	5
		不外露	8
构件搁置长度	梁、板		±10

续表

项目		允许偏差（mm）
支座、支垫中心位置	板、梁、柱、墙板、桁架	10
墙板接缝宽度		±5

4. 典型照片

预制楼梯安装节点和吊装典型照片如图 3-27、图 3-28 所示。

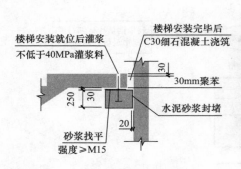

图 3-27 预制楼梯安装节点示意图 图 3-28 预制楼梯吊装就位

3.5 预制构件连接

3.5.1 灌浆连接

1. 工艺流程

水平接缝清理→封舱→灌浆料制备注浆→溢浆孔封堵→灌浆孔封堵→填写注浆资料

2. 控制要点

（1）水平接缝清理，应采用鼓风机将接缝内杂物、灰尘清理干净。

（2）当构件较长时应进行分仓，封仓应采用胶条或坐浆料封仓。

（3）灌浆料制备时应检测灌浆料流动度，流动度达到要求后制作试件，进行标准养护。

（4）灌浆时环境温度应高于 5℃ 以上，必要时，应采取保温加热措施，保证浆料在 48h 内温度不低于 10℃；当环境温度低于 0℃ 时，不得施工；当环境温度高于 30℃ 时，应采取降温措施。

（5）灌浆时，待上部溢浆孔浆料溢出时及时用胶塞堵住溢浆孔；待注浆压力达到要求时停止注浆，并用胶塞堵住注（灌）浆孔。

注意：需要时，及时采取补浆灌浆措施以保证灌浆的饱满度和质量。

3．质量要求

（1）灌浆连接接头试件每种规格应制作不少于 3 个试件，并进行抗拉强度检验。

（2）灌浆料制备时应进行流动度检测，初期流动度不小于 300。

（3）灌浆时应制作灌浆料试件，进行标准条件养护，试件规格为 40mm×40mm×160mm。

（4）应控制连通灌浆区域内任意两个灌浆套筒的间距，不应超过 1.5m。

（5）注浆时间应在坐浆料强度达到设计强度后开始，一般应间隔 4h，防止坐浆不稳定。

4．典型照片

灌浆料流动性检测和灌浆成型效果典型照片如图 3-29、图 3-30 所示。

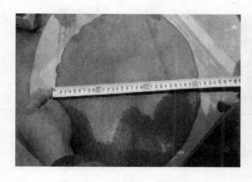

图 3-29　灌浆料流动性检测　　　　图 3-30　灌浆成型效果

3.5.2　后浇混凝土连接

1．工艺流程

构件吊装→后浇段钢筋安装→隐蔽验收→竖向模板安装→挂架安装→混凝土浇筑→拆模→修补→养护

2. 控制要点

（1）后浇段钢筋安装时，要注意后浇段竖向钢筋定位是否准确，连接是否合格。

（2）预制构件外露钢筋与后浇段水平钢筋应连接可靠；有碰撞情况时应及时处理。

（3）后浇段钢筋安装或模板支设时严禁在灌浆料未达到强度要求时踩踏构件斜支撑，防止斜支撑扰动造成竖向构件垂直度偏差。

（4）支设模板前要检查各类预留预埋是否遗漏，定位是否准确。

（5）竖向后浇段或叠合板板缝支模前应在预制构件两侧粘贴海绵条或分色带，防止模板有缝隙造成漏浆流坠。

（6）预制构件两侧边应进行压槽处理，方便后浇段拆模后进行抹灰处理，保证抹灰后与构件表面平齐。

（7）叠合板后浇段拆模后应及时粘贴分色带进行表面处理。

（8）"三明治"外墙板后浇段支模时采取单面支撑加固，斜支撑应使用高低两道撑，确保加固措施牢固；外侧板缝应使用塞胶条等方式封堵，待浇筑完成后用砂浆料抹平。

3. 质量要求

（1）竖向后浇段混凝土平整度允许偏差为 5mm。

（2）竖向后浇段混凝土垂直度允许偏差为 5mm。

（3）模板安装的允许偏差应符合表 3-8 的规定。

现浇结构模板安装的允许偏差及检验方法 表 3-8

项目		允许偏差（mm）	检验方法
轴线位置		5	尺量
底模上表面标高		±5	水准仪或拉线、尺量
模板内部尺寸	基础	±10	尺量
	柱、墙、梁	±5	尺量
	楼梯相邻踏步高差	5	尺量
柱、墙垂直度	层高≤6m	8	水准仪或拉线、尺量
	层高>6m	10	水准仪或拉线、尺量
相邻模板表面高差		2	尺量
表面平整度		5	水准仪或拉线、尺量

（4）钢筋安装的允许偏差应符合表 3-9 的规定。

钢筋安装允许偏差及检验方法　　　　　　　　　　　表 3-9

项目		允许偏差（mm）	检验方法
绑扎钢筋网	长、宽	±10	尺量
	网眼尺寸	±20	尺量连续三挡，取最大偏差值
绑扎钢筋骨架	长	±10	尺量
	宽、高	±5	尺量
纵向受力钢筋	锚固长度	−20	尺量
	间距	±10	尺量两端、中间各一点，取最大偏差值
	排距	±5	
纵向受力钢筋、箍筋的混凝土保护层厚度	基础	±10	尺量
	柱、梁	5	尺量
	板、墙、壳	±3	尺量
绑扎钢筋、横向钢筋间距		±20	尺量连续三挡，取最大偏差值
钢筋弯起点位置		20	尺量
预埋件	中心线位置	5	尺量
	水平高差	+3，0	塞尺量

注：检查中心线位置时，沿纵、横两个方向量测，并取其中偏差较大值。

（5）后浇混凝土结构位置和尺寸的允许偏差应符合表 3-10 的规定。

现浇结构位置和尺寸的允许偏差及检验方法　　　表 3-10

项目		允许偏差（mm）	检验方法
轴线位置	墙、柱、梁	8	尺量
垂直度	层高 ≤6m	10	经纬仪或吊线、尺量
	层高 >6m	12	经纬仪或吊线、尺量
	全高（H）≤300m	$H/30000+20$	经纬仪、尺量
	全高（H）>300m	$H/10000$ 且 ≤80	经纬仪、尺量
标高	层高	±10	经纬仪或拉线、尺量
	全高	±30	经纬仪或拉线、尺量

项目		允许偏差（mm）	检验方法
截面尺寸	柱、梁、板、墙	+10，-5	尺量
	楼梯相邻踏步高差	6	尺量
电梯井	中心位置	10	尺量
	长、宽尺寸	+25，0	尺量
表面平整度		8	2m靠尺和塞尺量测
预埋件中心位置	预埋板	10	尺量
	预埋螺栓	5	尺量
	预埋管	5	尺量
	其他	10	尺量
预留洞、孔中心线位置		15	塞尺量

注：1. 检查柱轴线、中心线位置时，沿纵、横两个方向量测，并取其中偏差较大值。
　　2. H 为全高，单位为 mm。

4. 典型照片

竖向模板支设和后段浇混凝土成型效果照片如图 3-31、图 3-32 所示。

图 3-31　竖向模板安装　　　　图 3-32　后浇段混凝土成型效果

第4章
装配式结构施工质量通病与预控

4.1 安装前准备工作阶段

4.1.1 建筑物纵横轴线不闭合

1. 通病现象

安装前复验时，建筑物纵横轴线不闭合。

2. 原因分析

（1）经纬仪测量时度盘卡子带动度盘转动；度盘偏心；正倒视镜准轴不垂直于横轴；横轴不垂直于竖轴；水准泡不居中。

（2）操作工艺不当。

（3）标准桩不准。

3. 预防措施

（1）仪器使用前应严格检查，并调整误差。

（2）仪器使用前须按使用精度要求进行操作，一般采用复测法，对实测轴线先测量长边、后测量短边。最好采用全站仪，以保证测量精度。

为消灭误差，须将仪器十字线对清楚，集距对适当。使用时每转一个角度之前要调整好水平度。

长度测量应采用激光测距仪。若使用的钢尺时，应根据钢尺测距要求的拉力加弹簧秤，并核对钢尺的精度，如温度改正数；测量时钢尺要拉平。

（3）标准桩应设保护桩，并应有足够的数量。

（4）楼层放线时，须从标准桩点往上引，如有小的误差，应消除在本楼层。

4. 治理方法

如发现轴线不闭合并已超过允许偏差，应重新放线。若多次改线，要把最后一次线弹好，做出标记，以防误会出错。

4.1.2 预制构件运输断裂

1. 通病现象

构件在运输过程中产生裂纹或断裂。

2. 原因分析

（1）构件运输时强度不足，没有达到运输强度要求。

（2）支撑垫木位置不当，上下垫层不在一条线上或悬挑过长。

（3）运输时，构件受到剧烈振动、冲击或急转弯产生扭转。

（4）运输时，构件支撑不牢而倾倒。

3. 预防措施

（1）构件运输时，混凝土强度应满足运输强度要求；一般不应小于设计强度标准值的 75%，特殊构件应达到 100%。

（2）非预应力构件等截面梁的垫点位置应选在距梁端 $0.207l$（l 为梁长）处，使正负弯矩相等；如果构件本身刚度好，垫点位置也可小于 $0.207l$。预应力梁须按设计要求的垫点位置支垫。

（3）构件（特别是叠合板）上下垫点必须垂直、在一个位置。

（4）在运输过程中，尽量避免构件发生碰撞。较长的构件，为避免剧烈振动造成构件破坏，可在构件中间放一个待受力的辅助垫点。运输长细比较大的预制柱时，应在两端垫点中间另加几个辅助垫点。

（5）墙板应用立放条形墙板运输车或插放式墙板运输车。

4. 治理方法

（1）对于一般裂缝可用结构胶泥封闭；对于较宽较深裂缝，应先沿缝凿成八字形凹槽，再用结构胶泥、聚合物砂浆或水泥砂浆补缝或再加贴玻璃布处理。

（2）对较严重的贯穿性裂缝，应采用裂缝修补胶灌浆处理，或进行结构加固处理，方法见《建筑工程质量通病防治手册（第四版）》混凝土工程附录"混凝土裂缝治理方法"。

4.1.3　预制构件进场质量资料证明性差

1. 通病现象

进场的预制构件，材料质量合格证、复试报告等质量证明资料不齐全或无效。

2. 原因分析

（1）预制构件进场时，须提供的质量证明文件资料不齐全。

（2）预制构件进场时，须提供的质量证明文件资料格式不正确或不统一。

（3）预制构件进场时，应附资料文件的相关规定不明确。

3. 预防措施

（1）根据行业、地方、企业规定和图纸设计等，明确预制构件进场时应提供的质量证明相关资料。

（2）预制构件进场时，查验质量证明文件清单，见表 4-1。

预制构件进场质量证明文件资料清单　　　　表 4-1

序号	文件资料名称	依据的内容
1	预制构件产品出厂质量保证书（质保书）	—
2	钢筋灌浆套筒、直螺纹连接、钢筋锚固板、保温连接、预埋吊钉、预埋件、密封材料等质量保证书	《装配式混凝土建筑技术标准》GB/T 51231—2016 第 9.2 节
3	钢筋、砂石料、水泥等主要材料质量保证书及检验报告	其检验报告在预制构件进场时可不提供，但应在构件企业存档，以便需要时查验。《装配式混凝土建筑技术标准》GB/T 51231—2016 第 9.2 节
4	混凝土配比、强度检验报告，钢筋连接强度检验报告（钢筋无连接时则无需提供）	《装配式混凝土建筑技术标准》GB/T 51231—2016 第 11.2.2 条
5	钢筋灌浆套筒接头型式检验报告	《钢筋套筒灌浆连接应用技术规程》JGJ 355—2015 第 5 章
6	钢筋关键套筒外观、标识、尺寸验收记录	《钢筋连接用灌浆套筒》JG/T 398 附录 A

序号	文件资料名称	依据的内容
7	钢筋灌浆套筒接头工艺检验报告	《钢筋套筒灌浆连接应用技术规程》JGJ 355—2015 第 5 章
8	钢筋直螺纹机械连接强度检验报告	《钢 筋 机 械 连 接 技 术 规 程》JGJ 107—2016 附录 B
9	钢筋锚固板接头强度检验报告	《钢筋锚固板应用技术规程》JGJ 256—2011 附录 A
10	夹芯保温连接材料性能及连接性能检验报告	《装配式混凝土建筑技术标准》GB/T 51231—2016 第 9.2 节
11	预埋吊件拉拔检验报告	《装配式混凝土建筑技术标准》GB/T 51231—2016 第 9.2 节
12	保温板材性能检验报告	《装配式混凝土建筑技术标准》GB/T 51231—2016 第 9.2.14 条
13	梁板类简支受弯构件的结构性能检验报告	根据设计要求,《装配式混凝土建筑技术标准》GB/T 51231—2016 第 11.2.2 条
14	预制构件生产过程隐蔽验收记录	《装配式混凝土建筑技术标准》GB/T 51231—2016 第 11.1.5 条

（3）预制构件质量证明文件资料缺少、不齐、无效的，不予进场。

4. 治理方法

（1）若发现已进场预制构件的质量资料证明性差时，立即停止此类构件的安装，并立即通知构件生产厂家补充相关文件资料。

（2）对于厂家不能提供相关质量证明文件资料的预制构件，须立即清退出场。

4.1.4　预制构件堆场条件、堆放不满足施工要求

1. 通病现象

预制构件堆场条件、堆放不满足施工要求；严重者在堆放过程中产生裂纹或断裂。

2. 原因分析

（1）预制构件随意堆放，水平预制构件叠放支点位置不合理，或

构件强度不足，支垫不符合要求，导致构件开裂损坏。

（2）施工现场预制构件堆放场地未硬化，造成堆放支座地基沉陷，周围未设置隔离围栏。

（3）堆放架刚度不足且未固定牢靠，导致构件倾斜。

（4）预制构件堆放距离过近，预制构件之间成品保护设施设置不当，使得构件以及伸出钢筋相互碰撞而破损。

（5）预制构件堆放顺序未考虑吊装顺序，多次翻找影响效率。

（6）叠合楼板堆放支点垫块上下未对齐，且未设置软垫。

（7）预制构件（特别是叠合板）叠层堆放层数过多。

3. 预防措施

（1）参见"4.1.2 预制构件运输断裂"的预防措施（1）～（3）。

（2）根据预制构件类型针对性地制定现场堆放方案。一般竖向构件采用立放，水平构件采用叠放，并应明确堆放架体形式以及叠放层数。

（3）堆放架应具有足够的强度、刚度和稳定性，以及满足抗倾覆要求，并进行验算。

（4）构件堆垛之间应留出宽度不小于 0.6m 的通道。钢架与构件之间应衬垫软质材料以免磕碰、损坏构件。

（5）构件堆放场地应平整、硬化，满足承载要求，堆放周围应设置隔离栏杆，悬挂标识标牌。堆场面积应满足一个楼层构件数量的堆放。当构件堆场位于地下室顶板上部时，应对顶板的承载力进行验收，不足时须考虑顶板支撑回顶加固措施。

（6）预制构件堆放位置及顺序应考虑供货计划和吊装顺序，按照先吊装的竖向构件放置外侧、先吊装的水平构件放置上层的原则进行合理放置。当场地受限时，也可以直接从运输车上起吊构件，对车上构件的堆放顺序也需进行提前策划。

（7）叠合楼板下部搁置点位置宜与设计起吊点位置保持一致。预应力水平构件如预应力双 T 板、预应力空心板堆放时，应根据构件起拱位置放置层间垫块，一般在构件端部放置独立垫块。

4. 治理方法

如预制构件出现裂纹，按本书"4.1.2 预制构件运输断裂"裂缝治理方法处理。

4.2 转换层施工质量通病预控

转换层质量通病的预控主要是预留竖向插筋不满足安装要求等。

4.2.1 预留竖向插筋位置偏移、外身倾斜

1. 通病现象

转化层的预留竖向插筋位置偏移、外露筋体倾斜，大于规范要求的偏差。

2. 原因分析

（1）设计阶段，未根据上部预制构件套筒位置正确制定插筋定位图。

（2）深化设计过程中或构件生产过程中，定位插筋图未同步修改。

（3）现场插筋横向定位措施不当，未有效固定及预防倾斜控制，混凝土浇筑时插筋发生移动偏位。

3. 预防措施

（1）深化设计阶段，应正确反映预制构件的位置、套筒数量及规格、套筒中心定位等信息，根据构件与套筒信息再正确绘制插筋定位图。插筋定位图除了反映钢筋直径、中心定位尺寸外还需反映钢筋外伸长度、钢筋在现浇段内的埋深长度。

（2）构件深化设计或构件生产详图变更时，要同步复合插筋定位。

（3）插筋固定方式推荐使用钢制套板，套板中钢筋开孔定位宜采用预制构件厂同型模具，以保证构件套筒位置与插筋位置一致。应在钢制套板上标注正反面。插筋根部定位误差控制在 3mm 范围内。插筋定位在施工过程中可能发生偏斜，特别是粗直径钢筋后期难以校正，应采用套板面焊接短钢管或双层套板以约束倾斜，插筋顶部偏斜应控制在 3mm 内。

4. 治理方法

（1）如果发现插筋偏移的情况，应凿除混凝土露出预埋钢筋，双面焊接同型号的锚固钢筋，满足设计要求。

（2）如果发现插筋外身倾斜的情况，应用钢筋扳手进行校正，满足设计要求。

4.2.2　预留插筋外身长度不正确

1. 通病现象

转化层的预留竖向插筋外露筋体长度不符合设计或规范要求。

2. 原因分析

（1）钢筋下料过长，使得插筋伸出长度过长影响构件安装。

（2）竖向预留插筋未有效固定，混凝土浇筑振捣导致差劲下沉，钢筋不满足伸入套筒内锚固长度 $8d$ 的要求。

（3）楼面现浇混凝土浇筑过厚。

3. 预防措施

（1）竖向插筋应按图纸设计长度加工制作。

（2）竖向插筋应采取有效措施，固定牢靠，避免受混凝土浇捣扰动、松动下沉。

（3）应采用激光抄平仪控制楼板混凝土浇筑厚度。

4. 治理方法

（1）应跟踪检查插筋情况，并及时修正，使插筋外身长度满足设计要求。

（2）对于过长的插筋，应割除超长部分，使其套筒锚固长度满足设计要求。

4.2.3　预留钢筋切割

1. 通病现象

转换层墙体预留钢筋被切割，如图 4-1 所示。

2. 原因分析

（1）定位钢筋未定位、预留位置不准确。

（2）定位钢筋加固不到位，混凝土振捣扰动。

（3）预留钢筋位置与机电管线或其他钢筋碰撞，未及时调整位移。

3. 预防措施及照片

1）技术措施：

（1）墙体上部增加横向水平筋将预留钢筋连接成整体，防止钢筋倾斜。

（2）利用机电线管螺丝固定预留插筋。

（3）图纸深化设计时，考虑该部位钢筋的碰撞。

2）管理措施：

（1）叠合楼板弹线校核定位钢板，如图 4-2 所示。

（2）预制墙体钢筋在楼板混凝土浇筑前的校核检查。

（3）混凝土浇筑完成后，弹线二次校核预留钢筋定位。

图 4-1　转换层墙体预留被切割　　　图 4-2　转换层墙体预留被切割
　　　　典型照片　　　　　　　　　　　　预防措施照片

4. 治理方法

（1）如果发现切断钢筋的情况，应凿除混凝土露出预埋钢筋，双面焊接同型号的锚固钢筋，满足设计要求。

（2）根据图纸设计，紧贴截断钢筋旁边定位植筋。

4.2.4　预留筋水泥浆污染

1. 通病现象及典型照片

预制墙体预留筋外露筋体被水泥浆污染，影响灌浆套筒内灌浆密实度，如图 4-3 所示。

2. 原因分析

楼板混凝土浇筑未对插筋外身采取保护措施，钢筋表面被水泥浆污染，影响后期高强灌浆料握裹性。

3. 预防措施及照片

按照预制墙体预留筋长度，制作
PVC 成品保护套管，套管长度小于
混凝土完成面的预留筋长度 1cm（防
止套管底部埋入混凝土，后期不好拔
除），如图 4-4 所示。

图 4-3　预留筋水泥浆污染典型照片

4. 治理方法

若预留钢筋出现水泥浆污染情况时，在预制墙体吊装前，应将被
污染的预留筋用钢丝刷涂刷干净；然后再吊装施工作业。

图 4-4　预留筋水泥浆污染预防措施照片

4.3　预制墙板施工质量通病预控

4.3.1　预制墙体预留筋变形

1. 通病现象及典型照片

预制墙体预留水平筋弯曲变形，或者转换层预留的竖向插筋弯曲
变形，如图 4-5 所示。

2. 原因分析

（1）吊装预制墙体板时，未采用扁担梁，钢丝绳旋转与预留钢筋
碰撞弯折。

（2）预制墙板在吊装过程中发生碰撞。

图 4-5　预制墙体预留筋变形
典型照片

（3）预制墙板预留水平钢筋和竖向后浇混凝土内的钢筋发生碰撞，人为把预留水平筋掰弄弯曲。

3. 预防措施及照片

（1）吊装预制墙体板时，应采用扁担梁。

（2）构件吊装、安装过程中，加强旁站监督，关注此点，避免发生钢筋碰撞弯曲，如图 4-6 所示。

（3）采用 BIM 技术，对预制墙体板安装进行模拟，使预留钢筋位置更加准确，避免发生钢筋碰撞弯曲。

图 4-6　预制墙体预留筋变形预防措施照片

4. 治理方法

若发现钢筋弯曲严重时，应使用钢筋扳手将其扳直校正。

4.3.2　预制墙体底部水平缝过窄

1. 通病现象

预制墙体底部水平缝过窄，无法按原施工方案设计的连通腔灌浆实施。

2. 原因分析

（1）现浇楼面水平标高控制不当，预制竖向构件下部现浇面标高过高，导致预制构件与现浇面之间水平缝间距过小，连通腔灌浆时浆料无法流淌到位。

（2）叠合楼板采用预制层厚度 60mm＋现浇层厚度 70mm 的做法，当管线密集且需交叉时，70mm 现浇层无法满足管线埋设要求，为了"不露筋、不露管"，浇筑现浇层混凝土时局部加厚，使得楼面标高过高。

3. 预防措施

（1）施工时，严格控制楼板下部模板支撑的水平标高，同时严格控制现浇混凝土楼面标高。预制构件安装之前应测量标高，对于现浇楼面标高偏差较大的应进行整改，复测标高合格后方可吊装构件。

（2）当设计采用叠合楼板埋设管线的，现浇层厚度不宜小于 80mm。设计时，应提前考虑管线走向的合理规划，避免施工时管线随意交叉。

（3）推荐采用结构与管线分离体系，即管线不埋于楼板结构内。

4. 治理方法

对于现浇楼面标高偏差较大的部位应进行凿除整改，复测标高合格后方可吊装预制墙板构件。

4.3.3　预制构件墙体底部距离过大

1. 通病现象及典型照片

预制构件墙体底部距离过大，超过规范要求，如图 4-7 所示。

2. 原因分析

（1）预制墙体构件安装时，标高测量错误；或者仪器校核不准确，造成标高偏差过大。

（2）预制墙体构件下部楼板浇筑混凝土时，楼面标高控制不严格，造成偏差过大。

3. 预防措施及照片

（1）预制墙体构件安装时，严格控制其上口标高，并采用三级法复核，保证标高的准确性。

（2）严格控制预制墙体构件下部楼板浇筑混凝土厚度，避免楼面标高偏差过大，如图 4-8 所示。

图 4-7　预制构件墙体底部距离　　　　图 4-8　预制构件墙体底部距离
　　　　　过大典型照片　　　　　　　　　　　　过大预防措施照片

4. 治理方法

在墙体吊装前，对于预制构件墙体底部距离过大的部位应采取高于楼板混凝土 1 个强度等级的细石混凝土或灌浆料进行找平。

4.3.4　斜撑拉裂混凝土

1. 通病现象及典型照片

预制墙体临时斜撑拉裂楼板混凝土，如图 4-9 所示。

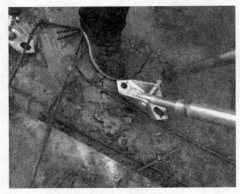

2. 原因分析

（1）预制墙体校正工序错误。工人作业时偷懒，用斜撑去调整墙体位置时，大小斜撑不同步，调整小斜撑时，大斜撑未做到同步协调调整，造成人为破坏。

（2）楼板混凝土强度未达到墙体安装时的强度要求；或者楼板混凝土的强度不满足设计要求。

图 4-9　斜撑拉裂混凝土典型照片

3. 预防措施及照片

（1）预制墙体安装时，利用塔吊和撬棍辅助确定好垂直度后，再安装斜撑。

（2）在预制墙体构件深化设计时，应考虑将地脚螺栓锚固于叠合板的预制板内，且现浇混凝土强度满足设计要求时，再进行微调墙体，如图 4-10 所示。

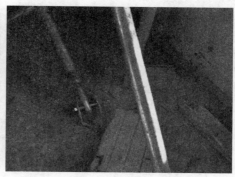

图 4-10　斜撑拉裂混凝土预防措施照片

4. 治理方法

若发生叠合板现浇层混凝土被拉裂时，应将被拉裂处的混凝土凿除，采用高于原设计强度等级 2 个级别的细石混凝土进行补施。

4.3.5　预制墙体灌浆套筒注浆不饱满

1. 通病现象及典型照片

预制墙体灌浆套筒注浆不饱满，如图 4-11 所示。

2. 原因分析

（1）预制墙体构件水洗面在清洗时，灰尘杂质进入注浆孔导致堵塞。

（2）预制墙体与现浇混凝土部分侧面未封仓。

（3）现浇混凝土结构预留筋的浮浆清理不到位。

（4）施工缝标高、凿毛、清理不到位。

3. 预防措施及照片

（1）预制墙体构件在进场验收时，增加一道验收工序，即对于灌浆通道进行通水试验，保证通畅，如图 4-12 所示。

（2）对于现浇混凝土预留钢筋，在浇筑混凝土时，用 PVC 管对预留钢筋外露筋体进行保护。

图 4-11　预制墙体灌浆套筒 　　　　图 4-12　预制墙体灌浆套筒
注浆不饱满典型照片　　　　　　　　注浆不饱满预防措施照片

4. 治理方法

（1）如发现灌浆套筒注浆不饱满时，须及时补注浆液。

（2）当从注浆孔二次补注有困难时，应从溢流孔补注浆液。

4.3.6　预制墙体灌浆爆仓

1. 通病现象及典型照片

预制墙体底部灌浆爆仓，如图 4-13 所示。

2. 原因分析

（1）预制墙体底部封仓质量差。

（2）分仓距离过大（超过 1.5m），浆液顶升压力较大，导致爆仓。

（3）预制墙体与现浇部分侧面未封仓。

（4）灌浆机械性能参数选择，或灌浆速度，或压力控制过大。

图 4-13　预制墙体灌浆爆仓典型照片

3. 预防措施及照片

（1）严格控制分仓间距，不超过 1.5m。

（2）在出浆孔位置增设监测器；若出现爆仓后可以第一时间得知，并及时处理，如图 4-14 所示。

（3）加强注浆旁站监督，时时关注压力表的读数，避免注浆压力过大出现爆表，从而造成灌浆爆仓的现象。

图 4-14 预制墙体灌浆爆仓预防措施照片

（4）合理选择灌浆机械、控制灌浆速度及压力。低压力灌浆（一般为 0.3～0.5MPa），高压力仅用于灌浆机冲洗（一般 1.2MPa）。

4. 治理方法

若出现爆仓，应及时停止注浆；重新封仓，待重封之仓满足注浆的强度等要求后，再进行二次注浆。

4.3.7 预制墙体支撑随意拆除

1. 通病现象及典型照片

支撑体系拆除混乱，预制墙体底部未灌浆便进行斜撑拆除；叠合板独立支撑也在预制墙体灌浆前拆除，如图 4-15 所示。

2. 原因分析

（1）支撑材料配置不充分，数量不足，造成预制墙体底部未灌浆便进行斜撑拆除。

（2）采用后灌浆法工艺，作业面狭窄，为了灌浆机有效通行而随意拆除支撑架体。

图 4-15 预制墙体支撑随意拆除典型照片

（3）在拆除三角支架或预制墙斜撑时，碰撞叠合板独立支撑，造成叠合板独立支撑在预制墙体灌浆前拆除。

3. 预防措施及照片

（1）支撑应按施工要求配足数量；独立支撑应按满足 3 层配置，

斜撑最少应满足2层配置，保证灌浆之前斜撑不拆除。

（2）排设支撑杆的时候引导设置主要通道，引导工人走通道，同时设置剪刀撑，减少碰撞；合理排布杆件；最近立杆排布距离外墙预制构件的距离不应超过500mm，如图4-16所示。

图4-16　预制墙体支撑随意拆除预防措施照片

4. 治理方法

当发现预制墙体支撑随意拆除时，应及时补支拆除的支撑杆。

4.3.8　预制墙体预留水平筋反复弯折

1. 通病现象及典型照片

预制墙体预留水平筋反复弯折，如图4-17所示。

图4-17　预制墙体预留水平筋
反复弯折典型照片

2. 原因分析

（1）预制墙体后浇混凝土暗柱的钢筋定位不准确，与预制墙体构件的预留水平筋发生碰撞。

（2）施作工人操作随意，为施工方便，任意弯折钢筋。

3. 预防措施及照片

（1）对于直径大于等于16的钢筋直螺纹Ⅰ级接头的使用，接头位置可设在距楼板面100mm；对于小于16的钢筋应采用100%搭接，减少预制墙体胡子筋与暗柱钢筋的碰撞，如图4-18所示。

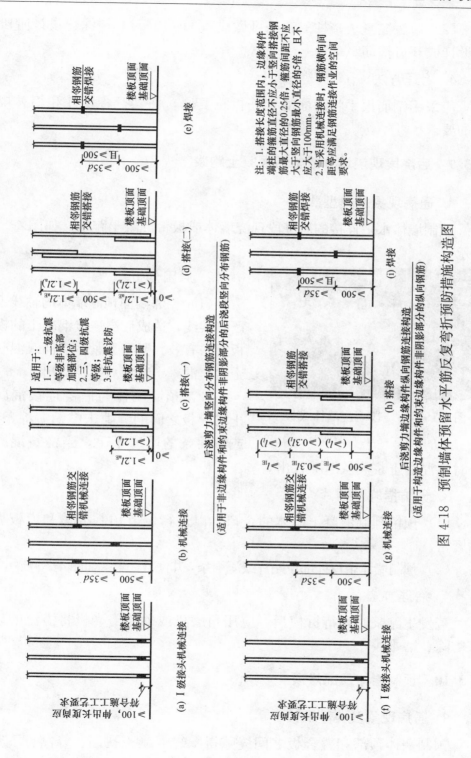

图 4-18 预制墙体预留水平筋反复弯折预防措施构造图

（2）后浇混凝土暗柱的箍筋可做成双 U 箍筋对套；深化设计阶段可设计成开口箍筋。

4. 治理方法

应采用钢筋扳手将弯曲的钢筋扳正复原，使其符合设计和相关规范的要求。

4.3.9 后浇段现浇墙体或板带混凝土跑浆

1. 通病现象及典型照片

预制墙体水平连接的后浇段现浇墙体或板带混凝土跑浆，如图 4-19 所示。

图 4-19 后浇段现浇墙体或板
带混凝土跑浆典型照片

2. 原因分析

（1）相邻两面预制墙体的轴线不严格共线，造成后浇连接混凝土的模板无法有效、紧密夹紧，当浇筑混凝土时，混凝土浆液从缝隙冒出。

（2）预制墙体与后浇连接混凝土的模板之间的缝隙未粘贴海绵条，或海绵条的厚度不足，当浇筑混凝土时，混凝土浆液从缝隙冒出。

3. 预防措施及照片

（1）预留预制混凝土墙体的企口，以进行调节预制墙体和模板靠贴紧密。

（2）预制墙体企口处部位贴片或海绵条，并使其贴紧，如图 4-20 所示。

4. 治理方法

若发生跑浆时，待拆模后，应用角磨机或砂轮磨光机将溢流的砂浆磨除、磨平。

4.3.10 预制墙体顶部烂顶

1. 通病现象及典型照片

预制墙体顶部和叠合板之间缝隙得塞缝混凝土孔洞、蜂窝、不密实，出现烂顶现象，如图 4-21 所示。模板支设随意，叠合板标高控制不准确。

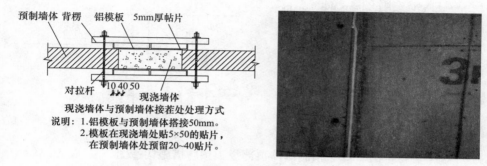

图 4-20　后浇段现浇墙体或板带混凝土跑浆预防措施构造图

2. 原因分析

图 4-21　预制墙体顶部烂顶典型照片

（1）叠合板标高没严格按照设计进行控制，或者其标高控制不准确，造成预制墙体和叠合板之间的水平缝隙过大，而预制墙体预留孔实际留置距离偏大，加固体系利用预制墙体预留孔时无法保障加固体系的稳定。

（2）实际操作时，未严格按方案进行加固。

3. 预防措施及照片

（1）校准叠合板下部独立支撑，依据 1m 线配合塔尺确定 U 形拖高度，严格控制叠合板标高的准确度。

（2）改变塞填工艺，在叠合板安装之前采用坐浆料，提前将预制墙体和叠合板之间的缝隙铺摊密实，增加一道验收工序。

（3）针对屋顶圈梁建议增加一层网格布，减少跑浆，确保混凝土密实度。

（4）当采用铝合金模板体系时，充分利用转角 C 形槽保证墙顶阴角混凝土的浇筑质量，如图 4-22 所示。

4. 治理方法

当此种现象发生时，应先凿除、清理干净墙和顶板角缝的混凝土，然后用高于墙体混凝土 1 个强度等级的细石混凝土或灌浆料塞填密实。

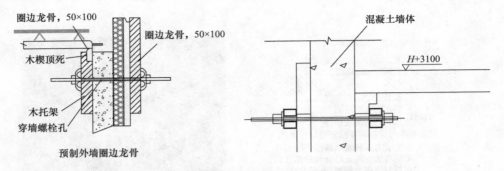

图 4-22　预制墙体顶部烂顶预防措施构造图

4.3.11　外保温墙体间存在错台，外墙涂料做法厚度不足

1. 通病现象及典型照片

外保温墙体间存在错台，外墙涂料做法厚度不足，如图 4-23 所示。

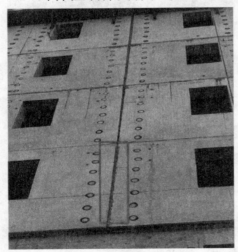

图 4-23　外墙保温墙体间错台典型照片

2. 原因分析

（1）预制墙体在安装过程中，仅仅控制预制墙体垂直度，未对相邻预制墙体平整度进行有效的控制。

（2）外保温预制墙体，外墙做法厚度容错度较小，控制相邻墙体平整度时，未在外墙外侧控制。

3. 预防措施及照片

（1）预制墙体安装完成后，应对相邻墙体平整度采用 2m 靠尺进行平整度检测、校核，使其符合设计的要求；

（2）对装配式建筑外墙体平整度的检测，应在已安装外墙的外侧进行，如图 4-24 所示。

4. 治理方法

在安装过程中及时测量调整每一块预制墙体，使已安装预制墙体的外侧平整度满足设计要求。

图 4-24　外墙保温墙体间错台预防措施照片

4.3.12　单面叠合墙板（PCF）混凝土胀模

1. 通病现象

单面叠合墙板（PCF）在浇筑混凝土时，出现胀模现象。

2. 原因分析

（1）由于单面叠合墙板（PCF）较薄，一般厚度为 60～70mm，在深化设计时墙板上未考虑设置桁架钢筋做补强，使得 PCF 构件在浇筑混凝土过程中产生弯曲变形。

（2）单面叠合墙板一般兼做外模板，现浇内侧支设模板所需拉结螺杆的相应预埋件布置不合理，导致合模质量差，混凝土浇筑时产生变形。

（3）相邻的预制单面叠合墙板未安装板板连接件，缺少限位控制措施，混凝土浇筑时相邻墙板变形不一致，外侧产生错台。

3. 预防措施

（1）PCF 墙板需配置桁架钢筋加强。

（2）单面叠合墙板（PCF）与内侧现浇层组合时，内侧模板拉结螺杆位置应根据实际施工情况合理布置。考虑预制外墙的整体防水性能，拉结螺杆连接方式宜采用在 PCF 内侧预埋内置螺母套管和采用分段式拉结螺杆。

（3）左右相邻 PCF 应在竖向接缝两侧的上中下各安装一组板板连接件，连接件应具有一定刚度并连接紧固，协调相邻两侧板的变形。

板板连接件也可安装在上下相邻 PCF 上，可防止墙板胀模变形；施工时应保证板板连接件上下对齐，连接牢靠。

4. 治理方法

单面叠合墙板（PCF）混凝土拆模后，对于胀模严重的部位，应用角磨机或砂轮磨光机将其砂浆磨除、磨平，使平整度符合设计要求。

4.3.13　钢筋连接套筒灌浆质量不饱满

1. 通病现象

钢筋连接套筒灌浆施工时对灌浆质量缺乏有效管控，灌浆质量不饱满。

2. 原因分析

（1）灌浆操作工人未经专业培训，对钢筋连接套筒灌浆的原理不了解，质量控制关键点不清楚。

（2）项目相关人员对套筒灌浆相关技术规程、文件规定不了解。

（3）缺乏套筒灌浆质量检测的快速、简易有效手段，尤其是灌浆操作过程检测。

（4）灌浆操作过程出现意外情况，导致灌浆质量缺陷，缺乏有效的事后补救措施。

3. 预防措施

（1）灌浆操作人员须经专业培训，考试合格后，持证上岗。

（2）施工质量人员应加强学习灌浆作业相关的标准，以及管理性文件等，切实做好质量文件核查、材料进场复验、连接接头平行试件检验、影像资料留存、隐蔽记录的填写等工作。

（3）可采用预埋传感器法、钻孔内窥镜法、X 射线数字成像法、预埋钢丝拉拔法等检测新技术进行灌浆质量检测。

（4）应采用方便观察且具有补浆功能的器具设备监测灌浆的饱满性。

4. 治理方法

当此种通病发生时，应主要采取钻孔补灌浆技术进行修复。

注：钻孔补灌浆技术：

① 在出浆孔位置钻孔；

②　将与注射器相连的透明软管放入钻孔孔道；

③　向注射器内导入灌浆料，缓慢推动注射器活塞注浆，如果一次注射浆料不足，重复以上步骤；

④　注射补浆至出浆孔出浆时，继续边注射边拔出注射器，同时用橡胶塞封堵出浆孔。

4.3.14　连通腔封堵料被顶开漏浆

1. 通病现象

连通腔灌浆施工时，封堵料被顶开漏浆。

2. 原因分析

（1）设计未明确封堵材料性能指标，材料选用不当，粘结力与强度不足，不具有快干早强性能。

（2）封堵养护时间不足或养护方法不当。

（3）未根据底部水平缝宽度及部位采用合理封堵方式。

（4）底部水平缝内有施工残渣或垫片过大阻塞浆料流淌，导致局部压力增大爆仓漏浆。

（5）灌浆料机械设备无调速功能，压力过大、浆料流速过快。

3. 预防措施

（1）封堵方式分为材料封堵和封堵措施。当采用材料封堵时，设计中应明确封堵材料性能指标要求，应使用无收缩、早强、快干型专用封堵材料，并按产品使用说明书拌制浆料。

（2）根据气候条件确定养护方法和龄期，严禁过早灌浆。夏季浆料拌合物应提前将基面湿润；冬季水平缝封堵后应覆盖薄保护膜进行养护。

（3）应根据底部水平缝宽度及基层条件，选择适宜的封堵方式。对于外围临边外墙的底部一般采用内嵌式封堵；嵌填时，嵌入深度应为 15～25mm，采用专用挡条控制内嵌深度并嵌填紧实。对于内侧有楼板的底部水平缝可采用内嵌式，也可采用截面外角封堵。

（4）封堵作业前，应用大功率鼓风机沿缝吹出残渣，并逐孔进行吹风清孔，确保灌浆路径干净、无杂物。预制剪力墙下部调节标高垫片应控制其平面尺寸，不应大于 60mm×60mm。

（5）灌浆机械设备应具有多档调速功能，灌浆压力不应大于 0.4MPa，应均匀慢速。灌浆软管不应过长，一般应该 3m 以内。

4. 治理方法

灌浆作业时，应随时观察周围封堵情况，一旦发现有轻微漏浆应立即调低压力，局部发现有爆仓的，应立即关停设备，采用木方回顶加固并用水玻璃等速凝材料进行防渗处理后可继续灌浆，全程应在 30min 内完成作业。

4.3.15 连通腔出浆孔不出浆

1. 通病现象

连通腔灌浆时，出浆孔不出浆。

2. 原因分析

（1）连通腔水平缝封堵不牢，边灌边漏，浆料无法上行。

（2）灌浆仓格区间过大，连通腔路径过长，使得远端套筒不出浆。

（3）套筒底部附近有杂物未清理，随着浆料进入套筒内造成堵塞。

（4）灌浆料水灰比不准确，浆料搅拌不充分，以及基层未提前湿润等原因使得浆料流动性不足、过早干硬而无法送达远端。

（5）预制构件生产时水泥浆深入套筒造成堵塞，且构件进场验收未进行有效检查。

3. 预防措施

（1）确保封堵牢靠。

（2）合理划分联通腔灌浆仓分格区间，预制剪力墙仓格长度不应超过 1.5m，夏季仓格长度宜为 1m。分仓材料可采用封堵材料。

（3）构件吊装前，应用鼓风机吹清施工界面杂物。

（4）灌浆料应严格按产品说明书配置，不得随意改变水灰比，并充分搅拌；灌浆前，应对基面进行湿润处理。

（5）预制构件生产时，应采取有效措施防止水泥浆从插入钢筋周边以及软管接口处渗入套筒内。预制构件进场前及安装前，应对套筒孔道进行检查，清理杂物，确保畅通。

4. 治理方法

参照第 4.3.13、4.3.14 节通病现象的治理措施。

4.3.16　连通腔正常灌浆后，套筒内饱满度不足

1. 通病现象

连通腔正常灌浆后，套筒内饱满度不足。

2. 原因分析

（1）灌浆施工过程中一般不能更换注浆孔，如果堵孔不及时会造成套筒内浆料液面普遍下降。

（2）灌浆过程中，已出浆并塞紧的套筒下部孔道软塞被顶出，操作人员虽及时再次塞紧软塞，但此时该套筒内部浆液面已下降，造成套筒内饱满度不足。

（3）灌浆速度过快，会使空气不能及时排出，灌浆后随着浆料逐渐下沉，造成套筒内气泡而影响灌浆饱满度。

3. 预防措施

（1）灌浆作业应不少于 2 人同时配合，当灌浆孔枪嘴拔出时，应及时封堵塞紧；若流出浆料较多时，应再次灌注并持压一段时间后再拔出枪嘴。

（2）灌浆过程中，若有个别套筒的下部孔软塞被顶出，在及时回堵的同时应拔出该套筒的上端孔软塞，待上部孔再次出浆后重新塞紧。

（3）浆料拌制均匀后，应静置排气且刮除表面上的气泡；控制灌浆压力不宜大于 0.4MPa，以使空气有足够的时间置换出去。灌浆施工结束约 15min 后，应拔出个别出浆孔软塞进行抽检，发现饱满度不足的应及时补注浆。出浆孔除了用软塞封堵外，还可在孔道口上接软管或塑料小斗，以起重力补浆的作用。

4. 治理方法

参照第 4.3.13、4.3.14 节通病现象的治理措施。

4.4　叠合楼板施工质量通病预控

4.4.1　叠合板端部连梁钢筋反复弯折

1. 通病现象及典型照片

叠合板端部连梁的钢筋反复弯折，如图 4-25 所示。

图 4-25 叠合板端部连梁钢筋反复弯折典型照片

2. 原因分析

叠合板预制底板和其端部连梁绑扎钢筋的施工工序不合理，导致叠合板端部的连梁钢筋与叠合板预制底板的预留钢筋发生碰撞。

3. 预防措施及照片

（1）优化工序，先吊装叠合楼板的预制底板，然后绑扎梁的钢筋；

（2）根据图纸设计的箍筋间距先摆放连梁箍筋，在穿绑连梁下部纵向钢筋，最后板扎梁上铁钢筋；待板筋传入连梁时，再来调整钢筋，如图 4-26 所示。

图 4-26 叠合板端部连梁钢筋反复弯折预防措施照片

4. 治理方法

针对此种通病情况，应使用钢筋扳手校直弯曲的钢筋。

4.4.2　叠合楼板支撑体系（独立支撑体系）混乱

1. 通病现象及典型照片

叠合楼板的预制底板的独立支撑体系不清晰，搭设混乱，如图 4-27 所示。

2. 原因分析

（1）施工工人对于独立支撑体系不熟悉，盲目使用熟练的支撑体系尝试。

（2）实际施工现场，模板支撑体系材料混用。

3. 预防措施及照片

（1）施工方案中明确搭建过程

图 4-27　叠合楼板支撑体系混乱典型照片

中应明确对叠合楼板支撑体系的选择，并在现场做好工艺样板区，以样板做好支撑体系的交底。

（2）应严格按照厂家提供的立杆间距进行排布施工；叠合楼板、后浇板缝、现浇区域应分别独立设置支撑体系，如图 4-28 所示。

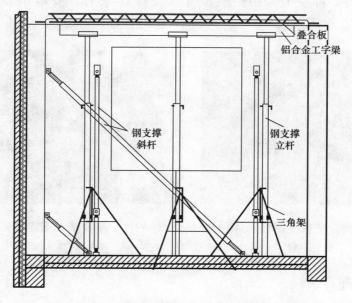

叠合板

铝合金工字梁

钢支撑斜杆

钢支撑立杆

三角架

图 4-28　叠合楼板支撑体系混乱预防措施示意图

4. 治理方法

及时更正、修正已搭设的错误支撑体系，并严格执行按照施工方案的要求实施。

4.4.3 叠合楼板支撑体系采用铝模与独立支撑体系混用

1. 通病现象及典型照片

叠合楼板支撑体系不清晰，采用铝模体系与独立支撑体系混用，搭设混乱，如图 4-29 所示。

2. 原因分析

（1）在施工方案制定阶段，对预制楼板的模板支撑体系深化设计不合理，体系混乱。

（2）施工现场存用的多种模板支撑体系，由于交底不清或者工人图方便，工人未严格执行施工方案，随意搭设支撑体系。

3. 预防措施及照片

（1）在制定施工方案时，应深化设计叠合楼板的模板、支撑体系，统一模架体系标准。

（2）当叠合楼板采用铝模板井字支撑体系时，要取消独立支撑方式，如图 4-30 所示。

图 4-29　叠合楼板支撑体系不清晰　　　图 4-30　叠合楼板支撑体系不清晰
　　　　　 典型照片　　　　　　　　　　　　 预防措施和照片

4. 治理方法

应立即拆除不符合施工方案支撑，并按施工方案即时重新支设。

4.4.4　叠合板支撑体系拆除顺序不当

1. 通病现象及典型照片

叠合板支撑体系的拆除混乱；铝模支撑体系使用不合理、先拆后顶，如图 4-31 所示。

2. 原因分析

（1）叠合楼板使用的模板支撑体系混乱。铝模支撑体系使用不合理，没有使用快拆节点，造成先拆后顶。

（2）工人作业时，操作空间受限，为施工方便，将后浇板带的铝模板整体拆除。

图 4-31　叠合板支撑体系拆除
顺序不当典型照片

3. 预防措施及照片

（1）在制定施工方案，应深化设计叠合楼板的模板支撑体系，严禁混用模架体系；

（2）施工时，严格按装配模板图进行铝模板的安装及拆除作业，如图 4-32 所示。

图 4-32　叠合板支撑体系拆除顺序不当预防措施照片

4. 治理方法

立即停止，及时纠正，按正确顺序拆除。

4.4.5 叠合板后浇混凝土板带错台

1. 通病现象及典型照片

叠合板后浇混凝土板带与叠合楼板预制底板层错台、不平整，如图 4-33 所示。

2. 原因分析

支设叠合楼板后浇带的底模板时，和叠合楼板的预制底板靠贴不紧密、不严密，模板固定不牢固，存有缝隙，造成模板和预制底板的缝隙跑浆。

3. 预防措施及照片

（1）叠合板后浇板带在支设模板时，要紧贴预制底板，并在模板和预制底板的缝隙处贴海绵条，防止混凝土浆液渗漏。

（2）深化设计叠合楼板的预制底板，在预制底板下平面预留企口，使支设模板贴近预制底板，防止混凝土浆液渗漏，如图 4-34 所示。

图 4-33 叠合板后浇混凝土板
带错台典型照片

图 4-34 叠合板后浇混凝土板
带错台预防措施照片

4. 治理方法

待拆模后，若错台不严重时，应及时应用角磨机或砂轮磨光机将溢流的砂浆磨除、磨平。若错台严重时，应及时剔除多余的混凝土，并用高于后浇混凝土强度等级的砂浆抹平。

4.4.6 叠合板预埋线管布设在钢筋桁架上面，高出混凝土面层

1. 通病现象及典型照片

叠合板后浇层预埋线管布设在预制底板的钢筋桁架上面，高出后

浇混凝土面层，如图 4-35 所示。

图 4-35　叠合板预埋线管布设通病典型照片

2. 原因分析

（1）叠合楼板预制底板的桁架钢筋下部空间狭小，预埋管线无法下穿。

（2）预埋管线重叠超过两层，且在钢筋桁架部位叠加，超过叠合板现浇层的厚度。

3. 预防措施

（1）叠合板在图纸设计时，考虑后浇混凝土层预埋管线的敷设，调大预制底板和桁架钢筋下部空间。

（2）叠合板安装完成后，首先进行管线敷设，线管通过桁架筋底部穿过，待线管从梁、桁架筋全部通过后再与提前预埋的线盒连接。预埋线管重叠不应超过两层。

4. 治理方法

及时拆除高出的管线，重新布设预埋线管。

4.4.7　相邻叠合板间板带留置位置不准确

1. 通病现象及典型照片

相邻叠合板间板带留置位置不准确，如图 4-36 所示。

2. 原因分析

（1）施工前交底不清楚，没有明确板带留设位置和控制标准。

（2）叠合板预制底板吊装安装位置不准确，造成预留板带宽度控制不符合设计要求。

3. 预防措施及照片

（1）在吊装叠合楼板的预制底板之前，应严格按设计图纸和施工方案做好技术交底，明确后浇板带留设的位置、宽度等技术指标。

（2）在叠合板的预制底板吊装之前，应对后浇板带位置进行定位，采用标记工具标记板带两端位置，如图 4-37 所示。

图 4-36　相邻叠合板间板带留置
位置不准确典型照片

图 4-37　相邻叠合板间板带留置
位置不准确预防措施照片

4. 治理方法

若此种通病现象发生时，及时重新吊起量测标定叠合楼板的预制底板位置，然后按新标定的位置安装叠合楼板的预制底板。

4.4.8　叠合板浇筑完成后底板开裂

1. 通病现象及典型照片

叠合楼板在混凝土浇筑完成后，其预制底板开裂，如图 4-38 所示。

2. 原因分析

（1）叠合楼板的支撑拆除过早或提前承载。叠合板的后浇层混凝土的强度没有达到设计强度，还不能和预制底板形成一体共同工作，叠合楼板的支撑就被拆除或提前承载而形成裂缝。

（2）使用布料机浇筑后浇层混凝土时，布料机位置的预制底板未进行加固，使预制底板受力而出现裂缝。

3. 预防措施

（1）严格控制叠合楼板支撑架体的拆除时间，禁止架体提前拆除。

（2）使用布料机浇筑时，应在布料机的位置使用架体进行回顶。

（3）叠合楼板后浇层混凝土浇筑完成后，在未达到承荷强度之前，禁止提前施加荷载。

（4）加强叠合板预制底板的进场验收工作，避免带裂缝的预制底板进入现场。

4. 治理方法

若裂缝影响承荷性能与结构安全，应整板砸除混凝土，重新按现浇板施工该楼板。

4.4.9　叠合板桁架筋预留高度偏高

1. 通病现象及典型照片

叠合楼板的预制底板桁架筋预留高度偏大，如图 4-39 所示。

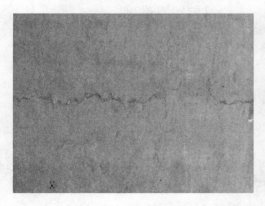 

图 4-38　叠合板浇筑底板开裂
　　　　典型照片

图 4-39　叠合板桁架筋预留高度
　　　　偏高典型照片

2. 原因分析

（1）在构件生产厂家，施工人员未严格按图纸设计绑扎预制底板的钢筋，从而造成桁架筋高度偏大。

（2）预制底板钢筋保护层控制措施不到位，未正确放置控制保护层垫块或垫块尺寸选择错误（过大），造成桁架筋高度偏大。

3. 预防措施

（1）加强技术交底，严格按图纸设计，制作叠合板预制底板钢筋，及钢筋桁架，钢筋吊装完成后检查桁架筋预留高度。

（2）选用正确的钢筋保护层垫块。

（3）叠合板吊装完成后隐蔽验收制度，核对叠合板钢筋规格及型号。

4. 治理方法

当导致叠合板上部保护层厚度不够，下部保护层增大时，应对于桁架钢筋进行截断，然后搭接处理，再进行使用。

4.4.10 预制板底机电后开槽

1. 通病现象及典型照片

叠合板的预制板底后开电线槽、盒，如图 4-40 所示。

图 4-40 预制板底机电后开槽典型照片

2. 原因分析

（1）预制底板预留线盒遗漏，或预留位置不准确。

（2）预制底板安装位置控制不准确，造成线盒位置偏差大，不符合图纸设计要求。

3. 预防措施

（1）预制底板制作时，严格按图纸设计预留线盒。

（2）根据设计 3D 模型及斜支撑长度、角度，向施工现场提供预埋螺栓的定位图；同时在施工过程中检查是否与线管、线盒相碰，及时提供修改图。

（3）现场根据预埋螺栓定位图进行检查，检查内容：位置是否正确和固定、是否遗漏、丝扣外露长度及其保护。如发现与预埋线管、线盒相碰及时与项目技术负责人或设计部联系提出修改建议。

4. 治理方法

对线盒周围采用同等预制板混凝土强度等级的灌浆料补平。

4.5　预制阳台板（含空调板）施工质量通病预控

4.5.1　阳台板（空调板）与模板交接处拼缝大

1. 通病现象及典型照片

预制阳台板（空调板）与现浇混凝土的模板交接处拼缝大，如图 4-41 所示。

2. 原因分析

（1）预制墙、阳台板（空调板）安装时，位置有偏差。

（2）现浇混凝土支设的铝合金模板不准确，有变形。

3. 预防措施及照片

（1）预制阳台板（空调板）安装时，用红外线水平仪、激光经纬仪进行安装定位；安装完成后复核，如图 4-42 所示。

图 4-41　阳台板（空调板）与模板交接处拼缝大典型照片

（2）混凝土铝模安装完成后应进行检查加固，对变形的铝模进行校正，确保铝模位置准确、固定牢固、无变形偏差，和预制阳台板（空调板）靠贴紧密（图 4-42）。

图 4-42　阳台板（空调板）与模板交接处拼缝大预防措施照片

4. 治理方法

及时调整、校正阳台板（空调板）、模板的位置，精准控制两者交接处的拼缝。

4.5.2　阳台板（空调板）标高误差大

1. 通病现象及典型照片

阳台板（空调板）安装标高误差大，如图 4-43 所示。

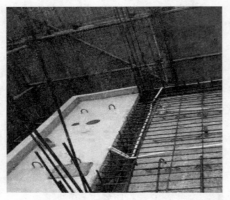

2. 原因分析

（1）阳台板（空调板）吊装完成时，未严格控制标高，微调精度不够，造成标高误差偏大。

（2）叠合楼板上层混凝土浇筑时，板厚控制不严格、误差较大，造成安装标高误差大。

3. 预防措施及照片

（1）严格按照图纸设计吊装阳台板（空调板），吊装完成后及时调

图 4-43　阳台板（空调板）标高误差大典型照片

整标高，使其符合设计要求。

（2）在浇筑叠合楼板的现浇混凝土的过程中，使用插签法严格控制现浇板厚度，如图 4-44 所示。

图 4-44　阳台板（空调板）标高误差大预防措施照片

4. 治理方法

及时调整，重新就位，使其符合标高设计要求。

4.5.3　阳台板定位偏差、错台

1. 通病现象及典型照片

阳台板安装定位偏差、错台，如图 4-45 所示。

2. 原因分析

阳台板安装时，定位不准确。

3. 预防措施

（1）严格按照图纸设计，用红外线水平仪、激光经纬仪进行阳台板的安装定位。

（2）阳台板吊装完成后，采用"一层定位，统层调差"的方法，及时调整标高及竖向层与层的垂直、位置偏差，使其误差控制在允许范围值内。

图 4-45　阳台板定位偏差典型照片

4. 治理方法

及时调整，重新就位，使其符合设计要求。

4.6　预制夹芯保温墙板施工质量通病预控

4.6.1　夹芯保温墙板渗漏

1. 通病现象及典型照片

夹芯保温墙板渗漏，如图 4-46 所示。

2. 原因分析

预制夹芯保温墙板未留设止水企口缝。

3. 预防措施及照片

（1）水平缝宜采用外低内高的企口缝。

（2）上下墙板间的水平接缝处浇筑混凝土前应设置同材质泡沫保温条或聚乙烯泡沫条，并采取可靠的固定措施，外露接缝中应嵌填耐候密封胶，如图 4-47 所示。

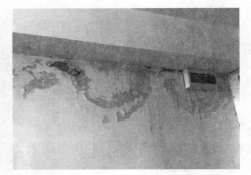

图 4-46　夹芯保温墙板渗漏典型照片

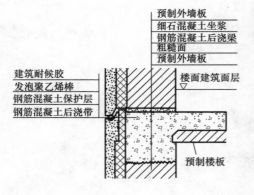

图 4-47　夹芯保温墙板渗漏预防措施照片

4. 治理方法

按以下步骤治理：①根据外墙夹芯复合板接缝位置，沿接缝向外一定范围内，对饰面层及密封材料剔除并清理；②接缝打胶部位根据胶体渗油污染情况进行基层打磨处理，以保证基层干净平整；③对墙板接缝处用密封胶打胶嵌填、密封处理；④恢复外墙饰面。

4.7　预制楼梯施工质量通病预控

4.7.1　楼梯标高不准确

1. 通病现象

楼梯安装时，标高不准确，一端高于休息平台，一端低于休息平台。

2. 原因分析

（1）现浇混凝土平台梁标高控制超过允许误差值。

（2）休息平台板混凝土厚度控制不严，造成平台结构面标高超过设计值。

（2）预制楼梯安装标高控制不严格，底部塞填垫块时，没有调整楼梯梯段的标高。

3. 预防措施

（1）严格控制平台梁的标高，使其符合图纸设计要求。

（2）严格控制休息平台板混凝土的浇筑厚度，厚度误差控制在允许值范围，使其标高满足设计要求。

（3）预制楼梯安装时，先铺强度高于预制楼梯混凝土强度一个等级的砂浆坐浆，用坐浆砂浆和底部塞填垫块调整梯段标高，以使楼梯和休息平台高度误差控制在允许值内。

4. 治理方法

及时凿除超高的混凝土或铺垫混凝土强度的细石混凝土，使楼梯标高符合设计要求。

4.7.2　预制楼梯底部空隙缺陷

1. 通病现象及典型照片

预制楼梯底部空隙处塞填的砂浆不密实或者缺塞填的砂浆等，如图 4-48 所示。

2. 原因分析

（1）工艺错误，吊装前未坐浆，仅塞垫调平垫块，缝隙遗漏塞填砂浆；或者塞填砂浆不密实。

（2）楼梯底缝采用后灌浆工艺时，由于缝隙过小或过大，周边封闭不牢固，且楼梯和平台之间的竖向缝隙杂质过多，造成底缝灌浆不密实。

3. 预防措施

（1）预制楼梯安装应采用坐浆工艺，先铺强度高于预制楼梯混凝土强度一个等级的砂浆坐浆，而后吊装预制楼梯，用坐浆砂浆调整梯段标高，保证底部缝隙密实度。

（2）当底部缝隙采用灌浆工艺时塞填时，楼梯安装到位后，应将缝隙间的杂物清理、吹风干净，保证浆液流通顺畅；将底缝封闭严密牢固后，再从竖向缝隙灌入强度高于楼梯混凝土强度1个等级的浆料。

4. 治理方法

清除干净，重新塞填或灌浆。

4.7.3 楼梯固定预埋螺栓偏位，或被截断

1. 通病现象及典型照片

楼梯固定预埋螺栓偏位歪斜或被截断，如图4-49所示。

图 4-48　预制楼梯底部空隙缺陷　　　图 4-49　楼梯固定预埋螺栓偏位
典型照片　　　　　　　　　　典型照片

2. 原因分析

（1）楼梯梁预埋筋固定措施不到位，预埋筋固定不牢固。预埋筋保护措施不到位，在浇筑梯梁混凝土时，发生偏位。

（2）钢筋发生偏位较大，无法插入预制楼梯的固定预留孔，截断预埋钢筋。

3. 预防措施

（1）模板安装时做好预埋螺栓的定位和成品保护工作，防止螺栓偏位和污染；对该部位加强混凝土浇筑时的旁站监督。

（2）为防止楼梯预留钢筋偏位，梯梁模板采用全封闭式；混凝土浇筑时避免直接触碰。

（3）混凝土浇筑过程中严格控制楼梯位置混凝土标高，避免后期吊装楼梯标高错误。原则上先做砂浆找平层，辅以钢垫片控制标高；减少后期封闭补灌。

4. 治理方法

预埋钢筋偏位较大、无法插入预制楼梯的固定预留孔时，应截断预埋钢筋，重新再原设计位置植筋，待其强度、牢固符合要求后，再吊装楼梯。

4.7.4　楼梯预埋的固定螺栓孔灌浆不密实

1. 通病现象

楼梯预埋的固定螺栓孔灌浆不密实。

2. 原因分析

预制楼梯安装到位后，楼梯两端锚固的预留孔保护措施不到位，杂质多，没有清理干净就灌入浆料，造成灌浆不密实。

3. 预防措施

预制楼梯安装到位后，应采取措施保护楼梯两端的预留孔不落入杂质；灌浆前，应吹风清理干净孔内的杂质后，再灌入浆料，保证灌浆密实度。

4. 治理方法

将不密实的灌浆剔除、清理干净，重新灌入浆料。

4.7.5　预制楼梯磕碰、踏步损坏

1. 通病现象及典型照片

预制楼梯磕碰、踏步损坏，如图 4-50 所示。

图 4-50　预制楼梯磕碰典型照片

2. 原因分析

（1）预制楼梯运到施工现场后，在存放或者倒运过程中，没有采取有效的保护措施，造成磕碰、踏步损坏。

（2）楼梯安装到位后，成品保护不及时或者使用已安装的楼梯堆放、倒运施工材料，造成磕碰、踏步损坏。

3. 预防措施

（1）预制楼梯吊装完成后，应及时采用棱角模板等保护措施进行保护。

（2）楼梯安装完成后，严禁在预制楼梯上堆放、拖运材料。

4. 治理方法

对于磕碰损毁处，可采用高于楼梯混凝土 1 个强度等级的砂浆或灌浆料进行修补。

第5章
装配整体式结构施工质量试验检验

　　装配式建筑施工质量试验检验是保证工程质量的必要形式和重要措施；必须按照工程设计要求、施工规范标准、工艺技术标准和合同约定，对建筑材料、预制构配件、设备和商品混凝土进行检验，检验应当有书面记录和专人签字；未经检验或者检验不合格的不得使用。结构性能检验的目的是检验构件实际生产质量，检验荷载应根据构件实际配筋、混凝土强度计算，具体计算取材料的强度设计值。

　　节点和连接是装配式混凝土结构中的关键环节，装配式结构应重视构件连接节点的施工质量。保证装配式结构的节点和连接，应同时满足使用和施工阶段的承载力、稳定性和变形的要求，其承载力、刚度和延性不低于现浇结构，使装配结构成为等同现浇结构。重要且复杂的节点与连接的受力性能应通过试验确定，试验方法应符合相应规定。

5.1　预制构件的试验检验

5.1.1　预制构件试验的分类

　　（1）型式检验：主要针对设计（标准）图的检测、复合。

　　（2）首件检测：批量生产前，确定试生产的构件合格与否，调整、优化生产相关的材料、工艺。

　　（3）合格性检验：生产过程中检测批的抽检检测。

　　（4）预制构件应按标准图或设计要求的试验参数及检测指标进行结构性能检测。

（5）预制构件应在明显部位表明生产单位、构件型号、生产日期和质量验收标志。构件上的预埋件、插筋（预留筋）、和预留孔洞的规格、位置和数量应符合标准图或设计的要求。

（6）预制构件应进行性能检测。结构性能检测不合格的预制构件不得用于混凝土结构。

5.1.2　结构性能检验

《混凝土结构工程施工质量验收规范》GB 50204—2015 规定，专业企业生产的预制构件进场时，梁板类简支受弯构件应进行结构性能检验，并应符合下列规定：

（1）结构性能检验应符合国家现行有关技术标准的有关规定及设计要求，检验要求和试验方法应符合《混凝土结构工程施工质量验收规范》GB 50204—2015 附录 B 的规定。

（2）钢筋混凝土构件和允许出现裂缝的预应力混凝土构件应进行承载力、挠度和裂缝宽度检验；不允许出现裂缝的预应力混凝土构件应进行承载力、挠度和抗裂检验。

（3）对于大型及有可靠应用经验的预制构件，可只进行裂缝宽度、抗裂和挠度检验。

大型构件一般指跨度大于 18m 的构件；可靠应用经验指该单位生产的标准构件在其他工程已多次应用，如预制楼梯、预制空心板、预制双 T 板等。对于使用数量少（一般指 50 件以内）的构件，当近期完成的合格报告可作为可靠依据时，可不进行结构性能检验。

（4）对使用数量较少的预制构件，若能提供可靠依据可不进行结构性能检验。

对其他预制构件，除设计有专门要求外，进场时可不做结构性能检验。

对进场不做结构性能检验的预制构件，应采取下列措施：

（1）施工单位或监理单位代表应驻厂监督生产过程。

（2）当无驻厂监督时，预制构件进场时，应对其主要受力钢筋数量、规格、间距、保护层厚度及混凝土强度进行实体检验；检验批次为 1/1000。

《装配式混凝土建筑技术标准》GB/T 51231—2016 规定，对于不可单独使用的叠合板预制底板，可不进行结构性能检验。工程中需做结构性能检验的构件主要有预制梁、预制楼梯、预应力空心板等。

预制楼梯进场时由厂家提供承载力、挠度和裂缝宽度的性能检验报告。

检验方法主要有非破损方法，也可采用破损方法。一般情况下，规定不超过 1000 个同类预制构件为一批，每批抽检 2% 且不少于 5 个构件。

对于所有进场时不做结构性能检验的预制构件，进场时的质量证明文件宜增加构件制作过程检查文件，如钢筋隐蔽工程验收记录、预应力张拉记录等。

5.2　节点链接质量的试验检验

5.2.1　后浇混凝土节点钢筋帮扎

后浇混凝土连接部位或混凝土叠合部位的检验项目和检查方法等同现浇混凝土结构，具体见《混凝土结构工程施工质量验收规范》GB 50204—2015 的相关规定。

（1）预制构件吊装就位后，根据结构设计图纸，绑扎剪力墙垂直连接节点、梁、板连接点钢筋。

（2）钢筋帮扎前，应先校正预留锚筋、箍筋的位置及箍筋弯钩角度。

（3）剪力墙垂直连接节点暗柱、剪力墙受力钢筋采用绑扎搭接，搭接长度满足规范要求。

叠合板钢筋绑扎完成后，应对剪力墙、柱竖向受力钢筋采用钢筋限位（定位）框对预留钢筋进行限位（定位），以保证竖向受力钢筋位置准确。

5.2.2　节点灌浆

（1）灌浆套筒的试验检验

灌浆套筒的试验检验包括：型式检验、工艺检验、进厂检验、平行检验。

1）型式检验

灌浆套筒的型式检验需在工程应用灌浆接头前，应由灌浆接头单位提供型式检验报告。满足《钢筋套筒灌浆料连接技术规程》DB11/T 1470—2017 的型式检验的下列规定：

① 灌浆接头的型式检验应符合《钢筋机械连接技术规程》JGJ 107 中的各项规定；

② 灌浆接头进行型式检验时应增加 3 个偏置接头试件，做单向拉伸试验；

③ 制作灌浆接头试件同时，取用同批灌浆料按《钢筋连接用套筒灌浆料》JG/T 408 制作不少于一组的试条；

④ 灌浆接头试件与灌浆料试块应在标准养护条件下 28d 方可进行试验；

⑤试条强度偏离厂家提供的抗压强度等级小于 5％且抗压强度不应小于 85MPA。

2）工艺检验（预制构件厂、施工现场）

《钢筋套筒灌浆料连接技术规程》DB11/T 1470—2017 规定，灌浆接头工艺检验应针对不同钢筋生产厂的钢筋进行，施工过程中更换钢筋生产厂或接头提供单位时，应补充工艺检验。

工艺检验符合下列规定：每种规格钢筋的接头试件不少于 3 根，检验项目包括单向拉伸抗拉强度和残余变形，工艺检验应模拟施工条件，并按接头提供单位提供的操作规程制作接头试件；标准养护 28d；灌浆料 1d 和 28d 抗压强度符合要求；工艺检验第一次不合格时，允许再加工 3 根试件进行复检，仍不合格时，评判工艺检验不合格。

应对不同钢厂的钢筋分别进行灌浆接头工艺检验。接头的安装分别在构件厂和施工现场不同时间进行，灌浆套筒螺纹连接钢筋和灌浆套筒预制构件内的安装在构件厂进行工艺检验，灌浆套筒灌浆连结钢筋的安装在施工现场进行工艺检验。

3）进厂检验

《钢筋套筒灌浆料连接技术规程》DB11/T 1470—2017 规定，灌浆套筒的进厂检验应用接头提供单位配套的灌浆料制作成灌浆接头进行抗拉强度试验。同批次、同类型、同强度等级、同规格的灌浆套筒，抽样比例 3/1000。

4）平行检验（施工现场）

《钢筋套筒灌浆料连接技术规程》DB11/T 1470—2017 规定，考虑钢筋套筒灌浆连接的特殊性，检验分两步进行，首先通过灌浆接头拉伸强度试验在构件厂现场完成对灌浆套筒的组批检验，并完成直螺纹钢筋连接的检验，保证构件厂生产正常进行。同时为灌浆施工现场灌浆接头检验准备有代表性的灌浆套筒，标上批号后随构件一同发往灌浆施工现场。现场针对每批灌浆接头用抽检方式抽出灌浆料与灌浆套筒在工程同等施工条件下制作成灌浆接头做拉伸强度试验。

《装配式混凝土结构工程施工与质量验收规程》DB11/T 1030—2021 规定，钢筋采用套筒灌浆连接时，同一工程、同一牌号、同一规格的钢筋，施工过程中按批（1000 个）制作 3 个平行试件。

（2）灌浆料试验

《钢筋套筒灌浆料连接技术规程》DB11/T 1470—2017 规定，灌浆料进场时，应对灌浆料的 30min 流动度、泌水率及 1d/28d 抗压强度、3h 竖向膨胀率、24h 与 3h 竖向膨胀率差值进行检验。抽样批次 30kg/50t。

灌浆料试块现场制作，现场每工作班取样不少于 1 次，每楼层取样不少于 3 组 40mm×40mm×160mm 试条。

《钢筋连接用套筒灌浆料》JG/T 408—2019 规定，低温灌浆料适用于灌浆施工及养护过程中 24h 内温度不低于−5℃，且灌浆施工过程中温度不高于 10℃的灌浆料；产品出场时应进行出场检验，包括−1d、−3d、−7d+21d 抗压强度。

（3）检测方法

套筒灌浆量可采用 X 射线工业 CT 法、预埋钢丝拉拔法、预埋传感器法、X 射线法等，针对不同施工阶段进行检测，并符合下列规定：

① 施工前，可结合工艺检验采用 X 射线工业 CT 法进行套筒质量检测；

② 灌浆施工时，可根据实际需要采用预埋钢丝拉拔法或预埋传感器法进行套筒灌浆饱满度检测；

③ 灌浆施工后，可根据实际需要采用 X 射线法结合局部破损法进行套筒浆数量检测。

采用预埋传感器检测套筒灌浆度、X 射线法检测套筒灌浆量、X射线法结合局部破损法检测浆锚搭接灌浆质量时，应符合行业标准《钢筋连接用灌浆套筒》JG/T 398—2019 的相关规定。

构件采用焊接连接或螺栓连接时，连接质量的检测应符合现行国家标准《钢结构工程施工质量验收规范》GB 50205 的相关规定。

5.2.3 密封材料嵌缝

对于密封胶,《建筑预制构件接缝防水施工技术规程》DB11/T 1447—2017 规定,进场复试项目应包括下垂度、表干时间、挤出性、试用期、弹性恢复率、拉伸模量、质量损失率。

密封材料嵌缝质量应符合下列标准:

(1)密封防水部位的基层应牢固,表面应平整密实,不得有蜂窝、麻面、起皮和起砂等现象;

(2)嵌缝密封材料的基层应干净和干燥;

(3)嵌缝密封材料与构件组成材料应彼此相容;

(4)采用多组分基层处理时,应根据有效时间确定使用量;

(5)密封材料嵌填后不得碰损和污染。

5.2.4 坐浆料试验

《装配式混凝土结构工程施工与质量验收规程》DB11/T 1030—2021 规定,预制构件底部水平接缝坐浆强度应满足设计要求,每层为一检验批,每工作班统一配合比制作 1 组,每层不少于 3 组边长 70.7mm 立法体,养护 28d。

5.2.5 预制混凝土夹芯保温外墙板保温(热工)性能和连接件承载性能检验

《预制混凝土构件质量检验标准》DB11/T 968—2021 规定,同一工程、同一工艺的成品为一个检验批进行检验;并对性能涉及的关键过程如构件深化设计、保温板和拉结件的原次啊了质量检验、生产过程中质量控制等过程进行资料检查。

5.3 试验、检验通病预控

5.3.1 钢筋套筒灌浆连接接头检验

1. 通病现象

钢筋套筒灌浆连接接头型式检验不符合要求。

2. 原因分析

（1）钢筋套筒灌浆连接接头型式检验报告超过有效期。

（2）型式检验报告与实际使用的接头型式、材质、规格、品牌等不一致。

（3）采用不同品牌套筒与灌浆料时，缺少匹配检验；或匹配检验缺少灌浆套筒和灌浆料厂家互认确认单。

3. 预防措施

（1）型式检验报告器有效期 4 年，可按套筒进厂（场）验收日期判定。

（2）型式检验报告是针对特定送检的材料、规格、工艺及品牌进行检验、认证，具有一定的适用性和针对性。当出现下述情况的变化时，应重新进行型式检验：

① 钢筋与套筒接头型式、材质、生产工艺变化时；

② 灌浆料材质、型号、品牌变化时；

③ 连接钢筋强度等级、外观肋型发生变化时。

（3）当采用的灌浆套筒与灌浆料为不同品牌厂家时，除应具备型式检验报告外，还应进行匹配检验，并附匹配双方的互认确认单。

5.3.2　预制构件制作前接头检验

1. 通病现象

预制构件制作前接头工艺检验不符合要求。

2. 原因分析

（1）工艺检验试件未在构件生产制作前完成。

（2）竖向钢筋套筒灌浆连接试件制作时未采取竖直放置接头，未能真实模拟灌浆施工条件，试件制作方法错误。

（3）采用半灌浆套筒时，钢筋丝头加工方法不正确。

3. 预防措施

（1）套筒灌浆连接接头的工艺检验须在预制构件生产（套筒预埋）前完成并进行送检，以免因工艺检验不合格造成重大损失。同时，要求接头试件及灌浆料应在标准养护条件下养护 28d，试件送检应符合现行行业标准《钢筋套筒灌浆连接应用技术规程》JGJ 355 的相关要求。

（2）工艺检验目的是通过模拟实际灌浆作业工况来检验接头质量，因此，在人员、设备、材料、环境等方面应真实模拟实际施工状态。要求灌浆姿态、封堵方式、材料性能等制作条件均应符合实际施工状态。

（3）半灌浆套筒机械连接端加工时，应按现行行业标准《钢筋机械连接技术规程》JGJ 107 的相关规定对丝头加工质量及拧紧的力矩进行操作。操作人员应经培训合格后上岗。

4. 治理方法

按相关规范的要求重新进行检验。

5.3.3 接头抗拉强度检验

1. 通病现象

灌浆施工前接头抗拉强度检验不符合要求。

2. 原因分析

（1）送检单位将套筒接头抗拉强度检验与接头工艺检验二者概念混淆，导致检验缺项。

（2）实际灌浆施工前未取得接头试件抗拉强度检验报告。

3. 预防措施

（1）接头工艺检验应在构件制作前完成，接头抗拉强度检验应在灌浆施工前完成，二者在下述条件不变时可以合二为一：①钢筋；②套筒；③灌浆料；④操作人员。

（2）灌浆施工应在接头试件抗拉强度检验报告取得后方可进行。

4. 治理方法

按相关规范的要求重新进行检验。

5.3.4 预埋吊件检验

1. 通病现象

预埋吊件进厂检验不符合要求。

2. 原因分析

（1）在预制构件生产加工前，未对预埋件进行进厂检验。

（2）预埋吊件的拉拔试验在加载过程中的加载方式及加载速率不符合要求。

3. 预防措施

（1）预埋吊件进厂时应进行外观质量检查以及受拉性能检验。预埋吊件受拉性能应满足设计要求。

（2）在试验中为了消除初始误差，应采用预加载的方式。预加载的值为预计极限荷载的5％，在连续加载过程中加载速率为2kN/s，但加载时间不应小于1min，应避免突然加载。

4. 治理方法

按相关规定检验合格后，再使用。

5.3.5 锚固板试件检验

1. 通病现象

锚固板试件制作及抗拉强度检验方法不满足要求。

2. 原因分析

（1）锚固板钢筋连接接头位置的加工工艺不满足要求。

（2）锚固板钢筋连接强度时间制作的尺寸或形式不满足要求。

3. 预防措施

（1）锚固板钢筋连接接头一般采用螺纹连接。螺纹连接锚固板钢筋丝头加工应符合现行行业标准《钢筋锚固应用技术规程》JGJ 256—2011 第 5.1、5.2 节的要求。还应进行下列检验：

① 工艺检验；

② 抗拉强度检验；

③ 螺纹连接锚固板的钢筋丝头检验和拧紧扭矩检验。

（2）钢筋锚固板试件的长度不应小于 250mm 和 10d，且试件方法可参考现行行业标准《钢筋锚固应用技术规程》JGJ 256—2011 附录 A 的要求。

4. 治理方法

按相关规范的要求重新进行检验，合格后再使用。

5.3.6 预制构件接缝检验

1. 通病现象

预制构件接缝密封胶与基材相容性检验不合格。

2. 原因分析

（1）密封胶选择错误，与混凝土构件基材和相应配套附件粘结性能差。

（2）预制构件胶接面处理不当，使得密封胶与基材粘结性能不足：

① 未按产品要求使用配套底涂料，或未在底涂料有效时间段内打胶施工，导致界面粘结不牢；

② 未设置背衬材料，或背衬材料未按压密实等，造成胶体背面支撑力不够，导致密封胶和界面接触不良；

③ 基材粘结面潮湿，残留有隔离剂、灰尘、颗粒等杂质，或基面未修补平整，导致界面粘结不良。

（3）预制构件接缝施胶工艺操作不规范，局部施工未嵌实、压紧；打胶施工气候环境条件不符合要求，造成粘结不牢。

3. 预防措施

（1）选用材质和性能的密封胶。在施胶之前可选择几种类型的密封胶材料进行密封胶相容性试验。相容性试验要求及方法参见《装配式建筑密封胶应用技术规程》T/CECS 655—2019 附录 B 的相关内容。

（2）双组分密封胶应使用配套底涂料，单组分密封胶可使用底涂液。打胶作业应于底涂涂刷 30min 后、表干时间之前进行，底涂液表干时间一般为 8～10h，底涂液表面须做到无浮渣、浮灰。应使用不粘型背衬材料，例如 PE 棒，防止胶体出现三面粘结。PE 棒材料要求密度不小于 $37kg/m^3$，直径不小于缝宽的 1.5 倍。接缝打胶时，应保证接缝粘结面基材处于干燥状态，表面应保证无浮渣、浮灰等影响粘结质量的杂质。

（3）施工时，应按压、刮平密封胶，确保密封胶和基材充分粘结。打胶作业环境温度不应低于 5℃ 且不应大于 35℃。接缝施胶粘结性能检测方法可参考《建筑用硅酮结构密封胶》GB 16776—2005 附录 D 方法 A 进行现场手拉剥离试验。试验应在胶体完全固化后进行，双组分一般不少于 1d，单组分一般不少于 7d。

4. 治理方法

更换与基材相容的接缝密封胶，并按相关规范做相容性试验。

5.3.7 预制外墙防水接缝试验检验

1. 通病现象

预制外墙防水接缝淋水试验检验方法不符合要求。

2. 原因分析

（1）淋水试验所依据的标准不正确。

（2）淋水试验的检查部位及检查数量不符合要求。

3. 预防措施

（1）对于预制外墙接缝淋水试验检验标准应依据现行行业标准《建筑防水工程现场检测技术规范》JGJ/T 299，淋水管内径宜为 20±5mm，管线上淋水孔的直径宜为 3mm，孔间距为 180～220mm，离墙距离不宜大于 150mm，淋水水压不应低于 0.3MPa，并应能在待测区域表面形成均匀水幕。淋水试验应自上而下进行，淋水孔布置宜正对水平接缝。持续淋水时间不应少于 30min。

（2）装配式建筑外墙防水施工质量对装配式建筑至关重要，应对外墙接缝处进行 100%淋水试验检测，以确保外墙防水的可靠性。

4. 治理方法

按相关规范的要求重新做试验。

5.3.8 预制构件结构性能检验

1. 通病现象

预制构件结构性能检验目的和方式不符合要求。

2. 原因分析

（1）设计未对需要进行结构性能检验的预制构件的类型提出要求，造成后续检验资料缺项。

（2）试件加载方式不满足设计要求，造成检测指标失真。

（3）构件结构性能检验送检时间及检测报告出具单位不符合要求。

3. 预防措施

（1）设计应根据国家标准《混凝土结构工程施工质量验收规范》GB 50204—2015 的要求，对预制简支受弯构件应进行结构性能检验。如简支受弯预制楼梯、双 T 板等构件。

（2）设计应提出相应的结构性能检测要求，应明确加载方式、加载量、承载力、挠度、裂缝等检测指标要求。加载方式应与实际构件的受力方式相吻合。对于结构性能检测的具体方法可参见国家标准《混凝土结构工程施工质量验收规范》GB 50204—2015 附录 C 的要求。当采用荷重块进行均布加载试验时，荷重块应按区格成垛堆放，垛与堆之间间隙不宜小于 50mm，荷重块的最大边长不宜大于 500mm。避免出现因构件弯曲变形使荷重块相互挤压形成拱效应，造成构件承载能力提高的假象。

（3）预制构件结构性能检验应在构件进场之前送检；检验场地宜在第三方实验室或构件厂；检验报告应由具备相应资质的第三方检测机构出具。

4. 治理方法

按相关规范的要求重新做检验。

第6章
装配式结构施工质量验收

装配整体式混凝土结构建筑施工中严格执行"事前、事中、事后"的新"三检控"制度。事前检查控制，就是所有构件、原材料、商品混凝土进场前须进行质量验收，合格后方可进行使用。

事中检查控制，就是严格控制施工过程每道工序的工艺和质量；认真落实每道工序施工工艺、每道工序完成后必须经过班组自检、互检、交接检的"三检"认定合格后，由专业质检员进行复查，并完善相应资料，报请监理工程师检查验收合格后，才能进行下一道工序施工。

套筒灌浆作业前构件安装质量报监理验收，验收合格后方可进行灌浆作业，并且对灌浆作业整个过程进行监督并做好灌浆作业记录。

商品混凝土浇筑前先对商品混凝土随车资料进行检查，报请监理验收并签署混凝土浇筑令后方可浇筑。

事后检查控制，就是构件装配、混凝土拆模完成后，及时检查实体质量，对出现的质量通病等缺陷及时采取合理补救措施进行处理，使其达到质量验收标准要求。

6.1 装配式混凝土建筑的质量验收

6.1.1 一般规定

装配式混凝土建筑施工应按现行国家标准《建筑工程施工质量验收统一标准》GB 50300 的有关规定进

行单位工程、分部工程、分项工程和检验批的划分和质量验收。

装配式混凝土结构工程应按混凝土结构子分部工程进行验收，装配式混凝土结构部分应按混凝土结构子分部工程的分项工程验收，混凝土结构子分部中其他分项工程应符合现行国家标准《混凝土结构工程施工质量验收规范》GB 50204 的有关规定。

装配式混凝土结构工程施工用的原材料、部品、构配件均应按检验批进行进场验收。

混凝土结构子分部工程验收时，除应符合现行国家标准《混凝土结构工程施工质量验收规范》GB 50204 的有关规定提供文件和记录外，尚应提供下列文件和记录：

（1）工程设计文件、预制构件安装施工图和加工制作详图。

（2）预制构件、主要材料及配件的质量证明文件、进场验收记录、抽样复验报告。

（3）预制构件安装施工记录。

（4）钢筋套筒灌浆型式检验报告、工艺检验报告和施工检验记录，浆锚搭接连接的施工检验记录。

（5）后浇混凝土部位的隐蔽工程检查验收文件。

（6）后浇混凝土、灌浆料、坐浆材料强度检测报告。

（7）外墙防水施工质量检验记录。

（8）装配式结构分项工程质量验收文件。

（9）装配式工程的重大质量问题的处理方案和验收记录。

（10）装配式工程的其他文件和记录。

装配式混凝土建筑的装饰装修、机电安装等分部工程应按国家现行有关标准进行质量验收。

6.1.2 预制构件的质量验收

1. 主控项目

（1）预制构件的质量应符合《混凝土结构工程施工质量验收规范》GB 50204 的有关规定、国家现行有关技术标准的规定和设计要求。

检查数量：全数检查。

检验方法：检查质量证明文件或质量验收记录。

（2）专业企业生产的预制构件进场时，预制构件结构性能检验应符合本书第四章的规定。

检验数量：同一类型预制构件不超过 1000 个为一批，每批随机抽取 1 个构件进行结构性能检验。

检验方法：检查结构性能检验报告或实体检验报告。

应注意的是，"同类型"是指同一钢种、同一混凝土强度等级、同一生产工艺和同一结构形式。抽取预制构件时，宜从设计荷载最大、受力最不利或生产数量最多的预制构件中抽取。

（3）预制构件的混凝土外观质量不应有严重缺陷，且不应有影响结构性能和安装、使用功能的尺寸偏差。

检查数量：全数检查。

检验方法：观察、尺量；检查处理记录。

（4）预制构件上的预埋件、预留插筋、预埋管线等的规格和数量以及预留孔、预留洞的数量应符合设计要求。

检查数量：全数检查。

检验方法：观察。

2. 一般项目

（1）预制构件应有标识。

检查数量：全数检查。

检验方法：观察。

（2）预制构件的外观不应有一般缺陷。

检查数量：全数检查。

检验方法：观察，检查处理记录。

（3）预制构件尺寸偏差及检验方法应符合表 6-1 的规定；设计有专门规定时，尚应符合设计要求。施工过程中临时使用的预埋件，其中心线的位置允许偏差可取表 6-1 中规定值的 2 倍。

检查数量：同一类型的构件，不超过 100 个为一批，每批应抽检构件数量的 5%，且不应少于 3 个。

（4）预制构件的粗糙面的质量及键槽的数量应符合设计要求。

检查数量：全数检查。

检验方法：观察。

预制构件尺寸允许偏差及检验方法　　　　表 6-1

项目			允许偏差（mm）	检验方法
长度	楼板、梁、柱、桁架	<12m	±5	尺量
		≥12m 且<18m	±10	
		≥18m	±20	
	墙板		±4	
宽度、高（厚）度	楼板、梁、柱、桁架		±5	尺量一端及中部，取其中偏差绝对值较大处
	墙板		±4	
表面平整度	楼板、梁、柱、墙板内表面		5	2m 靠尺和塞尺量测
	墙板外表面		3	
侧向弯曲	楼板、梁、柱		$L/750$ 且≤20	拉线、直尺量测最大侧向弯曲处
	墙板、桁架		$L/1000$ 且≤20	
翘曲	楼板		$L/750$	调平尺在两端量测
	墙板		$L/1000$	
对角线	楼板		10	尺量两个对角线
	墙板		5	
预留孔	中心线位置		5	尺量
	孔尺寸		±5	
预留洞	中心线位置		10	尺量
	洞口尺寸、深度		±10	
预埋件	预埋板中心线位置		5	尺量
	预埋件与混凝土面平面高差		0，−5	
	预埋螺栓		2	
	预埋螺栓外露长度		±10，−5	
	预埋套筒、螺母中心线位置		2	
	预埋套筒、螺母与混凝土面平面高差		±5	
预留插筋	中心线位置		5	尺量
	外露长度		+10，−5	
键槽	中心线位置		5	尺量
	长度、宽度		±5	
	深度		±10	

注：1. L 为构件的长度，单位取 mm。
　　2. 检查中心线、螺栓和孔道位置偏差时，沿纵、横两个方向量测，并取其中偏差较大值。

6.1.3　预制构件安装与连接的质量验收

1. 主控项目

（1）预制构件临时固定措施应符合施工方案的要求。

检查数量：全数检查。

检验方法：观察。

（2）钢筋采用套筒灌浆连接时，灌浆应饱满、密实，其材料及连接质量应符合国家现行行业标准《钢筋套筒连接应用技术规程》JGJ 355 的规定。

检查数量：按国家现行行业标准《钢筋套筒连接应用技术规程》JGJ 355 的规定确定。

检验方法：检查质量证明文件、灌浆记录及相关检验报告。

（3）装配式结构采用现浇混凝土连接时，构件连接处后浇混凝土的强度应符合设计要求。用于检验混凝土强度的试件应在浇筑地点随机抽取。

检查数量：对同一配合比混凝土，取样与试件留置应符合下列规定：

1）没拌制 100 盘且不超过 100m³ 时，取样不得少于 1 次；

2）没工作班拌制不足 100 盘时，取样不得少于 1 次；

3）连续浇筑超过 1000m³ 时，每 200m³ 取样不得少于 1 次；

4）每一楼层取样不得少于 1 次；

5）每次取样应至少留置一组试件。

检验方法：检查施工记录及混凝土强度试验报告。

（4）装配式结构施工后，其外观质量不应有严重缺陷，且不应有影响结构性能和安装、使用功能的尺寸偏差。

检查数量：全数检查。

检查方法：观察，量测；检查处理记录。

（5）预制构件底部接缝坐浆强度应满足设计要求。

检查数量：按批检验，以每层为一检验批；每工作班同一配合比应制作 1 组且每层不应少于 3 组边长为 70.7mm 的立方体试件，标准养护 28d 后进行抗压强度试验。

检验方法：检查坐浆材料强度试验报告及评定记录。

（6）钢筋采用机械连接时，其接头质量应符合现行行业标准《钢筋机械连接技术规程》JGJ 107 的有关规定。

检查数量：按现行行业标准《钢筋机械连接技术规程》JGJ 107 的规定确定。

检验方法：检查质量证明文件、施工记录及平行试件的检验报告。

（7）钢筋采用焊接连接时，其焊缝的接头质量应满足设计要求，并应符合现行行业标准《钢筋焊接及验收规程》JGJ 18 的有关规定。

检查数量：按现行行业标准《钢筋焊接及验收规程》JGJ 18 的有关规定确定。

检验方法：检查质量证明文件及平行加工试件的检验报告。

（8）预制构件采用（型钢）焊接、螺栓连接方式时，焊缝的接头质量应满足设计要求，其材料性能及施工质量应符合现行国家标准《钢结构工程施工质量验收标准》GB 50205、《钢结构焊接规范》GB 50661 和《钢筋焊接及验收规程》JGJ 18 的有关规定。

检查数量：按《钢结构工程施工质量验收标准》GB 50205、《钢结构焊接规范》GB 50661 和《钢筋焊接及验收规程》JGJ 18 的规定确定。

检验方法：检查施工记录及平行加工试件的检验报告。

（9）外墙板接缝的防水性能应符合设计要求。

检验数量：按批检验。每 1000m² 外墙（含窗）面积应划分为一个检验批，不足 1000m² 时也应划分为一个检验批；每个检验批应至少抽查一处，抽查部位应为相邻两层 4 块墙板形成的水平和竖向十字接缝区域，面积不得少于 10m²。

检验方法：检查现场淋水试验报告。

2. 一般项目

（1）装配式结构施工后，其外观质量不应有一般缺陷。

检查数量：全数检查。

检验方法：观察、检查处理记录。

（2）装配式结构施工后，预制构件位置、尺寸偏差及检验方法应符合设计要求；当设计无具体要求时，应符合表 6-2 的规定。预制构件与现浇结构连接部位的表明平整度应符合表 6-2 的规定。

装配式结构构件位置和尺寸允许偏差及检验方法　　表 6-2

项目			允许偏差（mm）	检验方法
构件轴线	竖向构件（柱、墙板、桁架）		8	经纬仪及尺量
	水平构件（梁、楼板）		5	水准仪或拉线、尺量
标高	梁、柱、墙板楼板底面或顶面		±5	水准仪或拉线、尺量
构件垂直度	柱、墙板安装后的高度	≤6m	5	经纬仪或吊线、尺量
		＞6m	10	
构件倾斜度	梁、桁架		5	经纬仪或吊线、尺量
相邻构件平整度	梁、楼板底面	外露	3	2m靠尺和塞尺量测
		不外露	5	
	柱、墙板	外露	5	
		不外露	8	
构件搁置长度	梁、板		±10	尺量
支座、支垫中心位置	板、梁、柱、墙板、桁架		10	尺量
墙板接缝宽度			±5	尺量

检查数量：按楼层、结构缝或施工段划分检验批。同一检验批内，对梁、柱，应抽查构件数量的 10％，且不少于 3 件；对墙和板，应按有代表性的自然间抽查 10％，且不少 3 间；对大空间结构，墙可按相邻轴线间高度 5m 左右划分检查面，板可按纵、横轴线划分检查面，抽查 10％，且均不少于 3 面。

（3）装配式混凝土建筑的饰面外观质量应符合设计要求，并应符合现行国家标准《建筑装饰装修工程质量验收标准》GB 50210 的有关规定。

检查数量：全数检查。

检验方法：观察、对比量测。

6.2 施工质量验收主要规范条文

施工质量验收主要规范条文见表 6-3。

施工质量验收主要规范条文表　　　　　表 6-3

序号	验收项	验收内容
1	隐蔽验收	装配式结构隐蔽验收
1.1	规范	《混凝土结构工程施工质量验收规范》GB 50204—2015
	条文	9.1.1 装配式结构连接部位及叠合构件浇筑混凝土前，应进行隐蔽工程验收。包括下列主要内容： （1）混凝土粗糙面的质量，键槽的尺寸、数量和位置； （2）钢筋的牌号、规格、数量、位置、间距，箍筋弯钩的弯折角度及平直段长度； （3）钢筋的连接方式、接头位置、接头数量、接头面积百分率、搭接长度、锚固方式及锚固长度； （4）预埋件、预留管线的规格、数量、位置
	条文解释	本条规定的验收内容涉及采用后浇混凝土连接及采用叠合构件的装配整体式结构，故将此内容列为装配式结构分项工程的隐蔽工程验收内容提出后浇混凝土处钢筋既包括预制构件外伸的钢筋，也包括后浇混凝土中设置的纵向钢筋和箍筋。在浇筑混凝土之前验收是为了确保其连接构造性能满足设计要求
1.2	规范	《装配式混凝土结构工程施工与质量验收规程》DB11/T 1030—2021
	条文	8.1.4 装配式混凝土结构工程应在安装施工及浇筑混凝土前完成下列隐蔽项目的现场验收： （1）预制构件粗糙面的质量，键槽的尺寸、数量、位置； （2）后浇混凝土中钢筋的牌号、规格、数量、位置、间距、锚固长度，箍筋弯钩的弯折角度及平直段长度； （3）结构预埋件、螺栓、预留专业管线的规格、数量与位置； （4）预制构件之间及预制构件与后浇混凝土之间的节点、接缝； （5）预制构件接缝处防水、防火等构造做法； （6）其他隐蔽项目
2	预制构件	预制构件进场验收
2.1	规范	《混凝土结构工程施工质量验收规范》GB 50204—2015
	条文	9.2.1 预制构件的质量应符合本规范、国家现行有关标准的规定和设计的要求

续表

序号	验收项	验收内容
2.1	条文	9.2.2 专业企业生产的预制构件进场时，预制构件结构性能检验应符合下列规定； 1. 梁板类简支受弯构件应进行结构性能检验，并应符合下列规定： 预制构件应进行承载力、挠度和裂缝宽度检验；对于大型及有可靠应用经验的预制构件，可只进行裂缝宽度、抗裂和挠度检验；对使用数量较少的预制构件，若能提供可靠依据可不进行结构性能检验。 2. 对其他预制构件，除设计有专门要求外，进场时可不做结构性能检验。 3. 对进场不做结构性能检验的预制构件，应采取下列措施： (1) 施工单位或监理单位代表应驻厂监督生产过程； (2) 当无驻厂监督时，预制构件进场时，应对其主要受力钢筋数量、规格、间距、保护层厚度及混凝土强度进行实体检验；检验批次为 1/1000
		9.2.3 预制构件的外观质量不应有严重缺陷，且不应有影像结构性能和安装、使用功能的尺寸偏差
		9.2.4 预制构件上的预埋件、预留插筋、预埋管线等的规格和数量以及预留孔、预留洞的数量应符合设计要求
2.2	规范	《装配式混凝土结构工程施工与质量验收规程》DB11/T 1030—2021
	条文	8.5.1 工厂生产的预制构件，进场时应检查其质量证明文件，预制构件的质量应符合本规程及国家现行相关标准、设计的有关要求
	条文解释	8.5.1 对工厂生产的预制构件进场资料证明文件和表面标识进行了规定。对专业企业生产的预制构件应具有出厂合格证及相关质量证明文件，根据不同预制构件的类型和特点，分别包括：混凝土强度报告、钢筋复试报告、水泥复试报告、保温连接件拉拔试验报告、钢筋套筒灌浆接头复试报告、保温材料复试报告、面砖及石材拉拔试验、结构性能检验报告等相关文件
	条文	8.5.2 预制构件进场时，预制构件结构性能检验应符合《装配式混凝土建筑技术标准》GB/T 51231、《混凝土结构工程施工质量验收规范》GB 50204 和《预制混凝土构件质量检验标准》DB11/T 968 的有关要求
	条文	8.5.3 预制构件的外观质量不应有严重缺陷，且不应有影响结构性能和安装、使用功能的尺寸偏差
	条文	8.5.4 预制构件表明预贴饰面砖、石材等饰面与混凝土的粘接性能应符合设计和现行有关标准的规定

序号	验收项	验收内容
2.3	规范	《预制混凝土构件质量检验标准》DB11/T 968—2021
	条文	7.2.2 预制构件的脱模强度应满足设计要求，当设计无要求时，不得低于混凝土设计强度的75%
		7.2.10 陶瓷类装饰面砖与构件基面的粘结强度应符合现行标准《建筑工程饰面砖粘接强度检验标准》JGJ 110 和《外墙饰面砖工程施工及验收规程》JGJ 126 的规定
		7.2.11 预制混凝土夹芯保温外墙板保温性能应符合设计要求
		7.2.12 预制混凝土夹芯保温外墙板的内、外叶板之间的连接件承载能力应符合设计要求。检验方法：检查保温连接件进场试验报告、隐蔽工程检查记录、安装质量检验资料、连接件拉拔和抗剪试验报告等
		9.2.4 预制构件码放应符合下列规定： 预制构件多层码放时，上下垫木应同心设置，避免产生弯剪力； 预制楼板、阳台板、叠合板等宜平放，叠放存储不宜超过6层； 预制内、外墙板宜采用专用支架直立堆放，要对称靠放且外饰面朝外，并应保持倾斜角度大于80°，支架应有足够的强度和刚度，并应支垫稳固，预制构件的上部宜采用垫木隔开； 超薄和开门窗洞口的预制构件宜用型钢加固
		10.0.4 通常预制构件强度达到100%时即可出厂，若龄期不到28d，合格证中混凝土中28d 标养试件的强度数据会暂时空缺，待龄期达到28d后，应用数据完整的合格证代替先前强度空缺的合格证
2.4	规范	《装配式混凝土建筑技术标准》GB/T 51231—2016
	条文	9.7.9 夹芯外墙板的内外叶墙板之间的拉结件类别、数量、使用位置及性能应符合设计要求
		9.7.10 夹芯保温外墙板用的保温材料类别、厚度、位置及性能应满足设计要求
		9.6.9 预制构件的粗糙面成型应符合下列规定： 1. 可采用模板面预涂缓凝肌工艺，脱模后采用高压水冲洗露出骨料； 2. 叠合面粗糙面可在混凝土初凝前进行拉毛处理
	条文解释	11.2.2 对于不可单独使用的叠合板预制底板，可不进行结构性能检验。工程中需做结构性能检验的构件主要有预制梁、预制楼梯、预应力空心板等

序号	验收项	验收内容
2.5	规范	《装配式混凝土结构技术规程》JGJ 1—2014
	条文	6.5.5 预制构件与后浇混凝土、灌浆料、坐浆材料的结合面应设置粗糙面、键槽，并应符合下列规定： 预制剪力墙侧面与后浇混凝土的结合面应设置粗糙面，也可设置键槽；键槽深度不宜小于20，宽度不宜小于深度的3倍且不大于深度的10倍。键槽间距等于键槽宽度。 预制构件叠合板粗糙面的面积不宜小于结合面的80%，预制板的粗糙面凹凸深度不应小于4mm
2.6	规范	《钢筋套筒灌浆料连接技术规程》DB11/T 1470—2017
	条文	5.0.5 灌浆套筒的混凝土保护层厚度宜满足下列要求： 框架柱和框架梁中纵向受力钢筋连接用灌浆套筒的混凝土保护层厚度不宜小于30mm； 剪力墙中纵向受力钢筋连接用灌浆套筒的混凝土保护层厚度不宜小于25mm； 相邻灌浆套筒的净距不应小于25mm
3	安装与连接	预制构件安装与连接
3.1	规范	《混凝土结构工程施工质量验收规范》GB 50204—2015
	条文	9.3.1 预制构件临时固定措施应符合施工方案的要求
		9.3.2 钢筋采用套筒灌浆连接时，灌浆应饱满、密实，其材料及连接质量应符合《钢筋套筒灌浆连接应用技术规程》JGJ 355 的规定
		9.3.4 钢筋采用机械连接时，其接头质量应符合《钢筋机械连接技术规程》JGJ 107 的要求。检查平行加工试件的检验报告；考虑到装配式混凝土结构中钢筋链接的特殊性，很难做到连接试件原位截取，故要求制作平行加工试件
		9.3.6 装配式结构采用现浇混凝土连接构件时，构件连接处后浇混凝土的强度应符合设计要求
3.2	规范	《钢筋套筒灌浆连接应用技术规程》JGJ 355—2015
	条文	5.0.1 属于下列情况时，应进行接头型式检验： （1）确定接头性能时； （2）灌浆套筒材料、工艺、结构改动时； （3）灌浆料型号、成分改动时； （4）钢筋强度等级、肋形发生变化时间； （5）型式检验报告超过4年
		5.0.3 每种套筒灌浆连接接头型式检验的试件数量与检验项目应符合下列规定： （1）对中接头试件应为9个，其中3个做单向拉伸试验、3个做高应力反复拉压试验、3个做最大变形反复拉压试验； （2）偏置接头试件应为3个，做单向拉伸试验；

序号	验收项	验收内容
3.2	条文	（3）钢筋试件应为3个，做单向拉伸试验； （4）全部试件的钢筋应在同一炉（批）号的1根或2根钢筋上截取
		6.1.1 套筒灌浆连接应采用由接头型式检验确定的相匹配的灌浆套筒、灌浆料
		6.1.5 施工现场灌浆料宜存储在室内，并应采取防雨、防潮、防晒措施
		6.3.1 连接部位现浇混凝土施工过程中，应采取设置定位架等措施保证外露钢筋的位置、长度和顺直度，并应避免污染钢筋
		6.3.2 预制构件吊装前，应检查构件的类型与编号。当灌浆套筒内有杂物时，应清理干净
		6.3.3 预制构件就位前，应按下列规定检查现浇结构施工质量： 1. 现浇结构与预制构件的结合面应符合设计及现行行业标准《装配式混凝土结构技术规程》JGJ 1 的有关规定； 2. 现浇结构施工后外露连接钢筋的位置、尺寸偏差应符合下列规定：中心位置允许偏差［0，＋3mm］，外露长度、顶点标高允许偏差［0，＋15mm］；超过允许偏差的应予以处理； 3. 外露连接钢筋的表面不应粘连混凝土、砂浆，不应发生锈蚀； 4. 当外露连接钢筋倾斜时，应进行校正
		6.3.5 灌浆施工方式及构件安装应符合下列规定： 1. 钢筋水平连接时，灌浆套筒应各自独立灌浆； 2. 竖向构件宜采用连通腔灌浆，并应合理划分连通灌浆区域；每个区域除预留灌浆孔、出浆孔与排气孔外，应形成密闭空腔，不应漏浆；连通灌浆区域内任意两个灌浆套筒间距离不宜超过 1.5m； 3. 竖向预制构件不采用连通腔灌浆方式时，构件就位前应设置坐浆层
		6.3.6 预制柱、墙的安装应符合下列规定： 1. 临时固定措施的设置应符合现行国家标准《混凝土结构工程施工规范》GB 50666 的有关规定； 2. 采用连通腔灌浆方式时，灌浆施工前应对各连通灌浆区域进行封堵，且封堵材料不应减小结合面的设计面积
		6.3.9 灌浆施工应按施工方案执行，并应符合下列规定： 1. 灌浆操作全过程应有专职检验人员负责现场监督并及时形成施工检查记录。

序号	验收项	验收内容
3.2	条文	2. 灌浆施工时，环境温度应符合灌浆料产品的使用说明书要求；环境温度低于 5℃ 时不宜施工，低于 0℃ 时不得施工；当环境温度高于 30℃ 时，应采取降低灌浆料拌合物温度的措施。 3. 灌浆料宜在加水后 30min 内用完。 4. 散落的灌浆料拌合物不得二次使用；剩余的拌合物不得再次添加灌浆料、水后混合使用
		6.3.11 灌浆料同条件养护试件抗压强度达到 35N/mm² 时，方可进行对接头有扰动的后续施工；临时固定措施的拆除应在灌浆料抗压强度能确保结构达到后续施工承载要求后进行
3.3	规范	《装配式混凝土结构工程施工与质量验收规程》DB11/T 1030—2021
	条文	3.0.3 装配式混凝土结构施工前，施工单位宜对典型预制构件连接节点进行预拼装
		3.0.6 装配式混凝土结构工程施工应进行首段验收，形成验收记录
		4.2.4 预制墙板间的竖向接缝采用后浇混凝土连接时，宜采用工具式模板支模；夹芯墙板的外叶板应采取螺栓拉结或夹板等加强固定
		4.3.5 预制墙板斜支撑和限位装置的拆除应符合《混凝土结构工程施工规范》GB 50666 的规定及方案要求
		8.6.3 钢筋采用套筒灌浆连接、浆锚搭接连接时间，灌浆应饱满、密实，所有出浆孔均应出浆。检查灌浆施工质量检查记录
		8.6.10 外墙板解封的防水性能应符合设计要求；1000m² 为一个检验批，抽查部位由相邻两层 4 块墙板形成的水平和竖向十字接缝区域，面积不少于 10m²，检验方法：检查现场淋水试验报告
3.4	规范	《混凝土结构工程施工规范》GB 50666—2011
	条文	9.2.3 叠合层施工阶段验算中，作用在叠合板上的施工活荷载标准值可按实际情况计算，且取数值不小于 1.5kN/m²（叠合板的承载力）
		9.5.5 采用临时支撑时，应符合下列规定： 每个预制构件的临时支撑不少于 2 道；对预制墙板的上部斜撑，支撑点距离底部不小于高度的 2/3，且不应小于高度的 1/2（临时斜撑与预制构件一般做成铰接，并通过预埋件进行连接。考虑到临时斜撑主要承受的是水平荷载，为充分发挥其作用，对上部的斜撑，其支撑点距离板底的距离不宜小于板高的 2/3，且不应小于板高的 1/2）。构件安装就位后，可通过临时支撑对构件的位置和垂直度进行微调

6.3 施工质量分部分项验收主要表格

6.3.1 材料、构配件进场验收记录表

材料、构配件进场验收记录见表 6-4。

材料、构配件进场验收记录　　　　　　　　　表 6-4

材料、构配件进场验收记录						资料编号		
工程名称						检验日期		
序号	名称	规格型号	进场数量	生产厂家合格证号		检验项目	检验结果	备注
1	钢筋					外观、质量证明文件		
2	灌浆料					外观、质量证明文件		
3						外观、质量证明文件		
4						外观、质量证明文件		
5						外观、质量证明文件		
6						外观、质量证明文件		
	......							

检验结论：

以上材料、构配件经外观检查合格，管径壁厚均匀，材质、规格型号及数量经复核均符合设计、规范要求，产品证明文件齐全。

签字栏	施工单位		专业质检员	专业工长	检验员	其他人员
	施工单位					
	专业分包单位					
	监理单位		总监		专业工程师	

6.3.2 钢筋灌浆套筒进场验收记录表

钢筋灌浆套筒进场验收记录见表 6-5。

钢筋灌浆套筒进场验收记录　　　　　　　　　表 6-5

产品合格证明书		资料编号	
产品名称	灌浆套筒	规格型号	
数量		出厂日期	

续表

		项目	要求	质量情况	备注
主要技术要求	1	钢材材质		合格	
	2	外观		合格	
		······			

		项目	允许偏差（mm）	实测值	
允许偏差	1	同轴度			
	2	长度			
		垂直度			
		······			

检验结论：

检验员签字：×××

（单位检测专用章）

报出日期：××年×月×日

6.3.3　预制构件检验批质量验收记录

预制构件检验批质量验收记录见表 6-6。

预制构件检验批质量验收记录　　　　表 6-6

02010601　001

单位（子单位）工程名称		分部（子分部）工程名称		分项工程名称	
施工单位		项目负责人		检验批容量	
分包单位		分包单位项目负责人		检验批部位	
施工依据		验收依据		《混凝土结构工程施工质量验收规范》GB 50204—2015	

续表

		验收项目			设计要求及规范规定	最小/实际抽样数量		检查记录	检查结果
主控项目	1	质量证明文件			第9.2.1条	/			
	2	结构性能检验			第9.2.2条	/			
	3	外观质量严重缺陷：影响结构性能、安装、使用功能的尺寸偏差			第9.2.3条	/			
	4	预埋件、预留插筋、预埋管线等的材料规格和数量以及预留孔、预留洞的数量			第9.2.4条	/			
一般项目	1	构件标识			第9.2.5条	/			
	2	外观质量一般缺陷			第9.2.6条	/			
	3	粗糙面质量和键槽数量			第9.2.8条	/			
	4	长度偏差（mm）	楼板、梁、柱、桁架	＜12m	±5	/			
				≥12m且＜18m	±10	/			
				≥18m	±20	/			
			墙板		±4	/			
	5	宽度、高（厚）度偏差（mm）	楼板、梁、柱、桁架		±5	/			
			墙板		±4	/			
	6	表面平整度（mm）	楼板、梁、柱、墙板内表面		5	/			
			墙板外表面		3	/			
	7	侧向弯曲（mm）	楼板、梁、柱		l/750且≤20	/			
			墙板、桁架		l/1000且≤20	/			
	8	翘曲（mm）	楼板		l/750	/			
			墙板		l/1000	/			
	9	对角线（mm）	楼板		10	/			
			墙板		5	/			
	10	预留孔（mm）	中心线位置		5	/			
			孔尺寸		±5	/			
	11	预留洞（mm）	中心线位置		10	/			
			洞口尺寸、深度		±10	/			
	12	预埋件（mm）	预埋板中心线位置		5	/			
			预埋板与混凝土面平面高差		0，-5	/			

续表

		验收项目	设计要求及规范规定	最小/实际抽样数量	检查记录	检查结果
一般项目	12 预埋件(mm)	预埋螺栓	2	/		
		预埋螺栓外露长度	+10，−5	/		
		预埋套筒、螺母中心线位置	2	/		
		预埋套筒、螺母与混凝土面平面高差	±5	/		
	13 预留插筋(mm)	中心位置	5	/		
		外露长度	+10，−5	/		
	14 键槽(mm)	中心线位置	5	/		
		长度、宽度	±5	/		
		深度	±10	/		

施工单位检查结果	专业工长： 项目专业质量检查员： 年 月 日
监理单位验收结论	专业监理工程师： 年 月 日

6.3.4 装配式结构安装与连接检验批质量验收记录

装配式结构安装与连接检验批质量验收记录见表6-7。

装配式结构安装与连接检验批质量验收记录 表6-7

02010602 002

单位（子单位）工程名称		分部（子分部）工程名称		分项工程名称	装配式结构分项
施工单位		项目负责人		检验批容量	
分包单位		分包单位项目负责人		检验批部位	地下 层
施工依据		验收依据		《混凝土结构工程施工质量验收规范》GB 50204—2015	

141

		验收项目			设计要求及规范规定	最小/实际抽样数量		检查记录	检查结果
主控项目	1	预制构件临时固定措施			第9.3.1条	/			
	2	套筒灌浆或浆锚搭接的灌浆饱满、密实，材料及连接质量			第9.3.2条	/			
	3	钢筋焊接接头质量			第9.3.3条	/			
	4	钢筋机械连接接头性能与质量			第9.3.4条	/			
	5	焊接、螺栓连接的材料性能与施工质量			第9.3.5条	/			
	6	预制构件连接部位现浇混凝土强度			第9.3.6条	/			
	7	外观质量不应有严重缺陷，且不应有影响结构性能和安装、使用功能的尺寸偏差			第9.3.7条	/			
一般项目	1	外观质量一般缺陷			第9.3.8条	/			
	2	轴线位置（mm）	竖向构件（柱、墙板、桁架）		8	/			
			水平构件（梁、楼板）		5	/			
	3	标高	梁、柱、墙板楼板底面或顶面		±5	/			
	4	构件垂直度	柱、墙板安装后的高度	≤6m	5	/			
				>6m	10	/			
	5	构件倾斜度	梁、桁架		5	/			
	6	相邻构件平整度	梁、楼板底面	外露	3	/			
				不外露	5	/			
			柱、墙板	外露	5	/			
				不外露	8	/			
	7	构件搁置长度	梁、板		±10	/			
	8	支座、支垫中心位置	板、梁、柱、墙板、桁架		10	/			
	9	墙板接缝宽度			±5	/			

续表

验收项目	设计要求及规范规定	最小/实际抽样数量	检查记录	检查结果
施工单位检查结果			专业工长： 项目专业质量检查员： 年 月 日	
监理单位验收结论			专业监理工程师： 年 月 日	

6.4 施工质量验收相关规范名录

施工质量验收相关规范名录表见表6-8。

施工质量验收相关规范名录表　　　　　　　　表6-8

序号	类别	名称	编号	实施日期
1	国家	混凝土结构通用规范	GB 55008—2021	2022 年 4 月 1 日
2		混凝土结构工程施工质量验收规范	GB 50204—2015	2015 年 9 月 1 日
3		混凝土结构工程施工规范	GB 50666—2011	2012 年 8 月 1 日
4		水泥基灌浆材料应用技术规范	GB/T 50448—2015	2015 年 11 月 1 日
5		装配式混凝土建筑技术标准	GB/T 51231—2016	2017 年 6 月 1 日
6		装配式建筑评价标准	GB/T 51129—2017	2018 年 2 月 1 日
7	行业	钢筋套筒灌浆连接应用技术规程	JGJ 355—2015	2015 年 9 月 1 日
8		钢筋锚固板应用技术规程	JGJ 256—2011	2012 年 4 月 1 日
9		装配式混凝土结构技术规程	JGJ 1—2014	2014 年 10 月 1 日
10		钢筋连接用灌浆套管	JG/T 398—2019	2020 年 6 月 1 日
11		钢筋连接用套筒灌浆料	JG/T 408—2019	2020 年 6 月 1 日
12		装配式住宅建筑设计标准	JGJ/T 398—2017	2018 年 6 月 1 日
13		预制带肋底板混凝土叠合楼板技术规程	JGJ/T 258—2011	2012 年 4 月 1 日

续表

序号	类别	名称	编号	实施日期
14	地方	预制混凝土构件质量检验标准	DB11/T 968—2021	2021 年 7 月 1 日
15		装配式混凝土结构工程施工与质量验收规程	DB11/T 1030—2021	2021 年 7 月 1 日
16		装配式剪力墙结构设计规程	DB11/1003—2013	2014 年 2 月 1 日
17		装配式剪力墙住宅建筑设计规程	DB11/T 970—2013	2013 年 7 月 1 日
18		预制混凝土构件质量控制标准	DB11/T 1312—2015	2016 年 4 月 1 日
19		装配式框架及框架-剪力墙结构设计规程	DB11/1310—2015	2016 年 7 月 1 日
20		钢筋套筒灌浆连接技术规程	DB11/T 1470—2017	2018 年 1 月 1 日
21		建筑预制构件接缝防水施工技术规程	DB11/T 1447—2017	2017 年 10 月 1 日
22	图集	预制混凝土剪力墙外墙板	15G365—1	2015 年 3 月 1 日
23		预制混凝土剪力墙内墙板	15G365—2	2015 年 3 月 1 日
24		桁架钢筋混凝土叠合板（60mm 厚底板）	15G366—1	2015 年 3 月 1 日
25		预制钢筋混凝土板式楼梯	15G367—1	2015 年 3 月 1 日
26		预制钢筋混凝土阳台板、空调板及女儿墙	15G368—1	2015 年 3 月 1 日
27		装配式混凝土结构表示方法及示例（剪力墙结构）	15G107—1	2015 年 3 月 1 日
28		装配式混凝土结构连接节点构造	G310—1～2	2015 年 3 月 1 日
29		装配式混凝土结构住宅建筑设计示例（剪力墙结构）	15J939—1	2015 年 3 月 1 日
30		装配式混凝土结构预制构件选用目录一	16G116—1	2016 年 3 月 1 日
31	北京文件	关于加强装配式混凝土建筑工程设计施工质量全过程管控的通知	京建发 [2018] 6 号文	2018 年 3 月 27 日
32		关于明确装配式工程施工质量监督工作要点的通知	京建发 [2018] 371 号文	2018 年 8 月 8 日

第 7 章

装配式结构施工质量的数字信息化展望

今天，数字化、智慧化正在发生，随着数字化、智慧化的进展，整个社会中的一切都会被数字化、智慧化。国家住房和城乡建设部、发展和改革委员会联合印发的《房屋建筑和市政基础设施项目工程总承包管理办法》明确规定：工程总承包单位应当对其承包的全部建设工程质量负责，分包单位对其分包工程的质量负责，分包不免除工程总承包单位对其承包的全部建设工程所负的质量责任。工程总承包单位、工程总承包项目经理依法承担质量终身责任。

质量终身制要求建筑工程的原材料、预制构配件、机电设备及其施工安装的过程质量、工程竣工质量应符合设计和国家标准的要求，且一旦工程质量发生问题，各个阶段的过程质量具有可追溯性。所以，要实现过程质量的管控有效性、过程质量的透明度、质量的可追溯，必须实现质量证明资料和实际施工的一致性、及时性、永久性（同建筑寿命），建筑施工质量的数字信息化储存是唯一的、有效措施。实现新型工业化装配式结构施工质量的数字信息化，建立基于"建筑 BIM＋"的质量智慧化控制体系，则是有效的措施。

7.1 建筑 BIM＋二维码技术的质量数字信息

7.1.1 建筑 BIM 技术和二维码技术

1. 建筑 BIM 技术

建筑 BIM 技术，即建筑信息模型（Building Information Modeling）技术，是以建筑工程项目的各项相关信息数据作为模型的基础，进行建筑模型的建立，通过数字信息仿真模拟建筑物所具有的真实信息。它具有信息完备性、信息关联性、信息一致性、可视化、协调性、模拟性、优化性和可出图性等八大特点。

2. 二维码技术

二维码（2-dimensional bar code）是一种新型的条码技术；是用某种特定的几何图形按一定规律在平面（二维方向上）分布的黑白相间的图形记录数据符号信息的。其在代码编制上巧妙利用构成计算机内部逻辑基础的"0，1"比特流概念。利用计算机编码技术将数据信息表示为平面几何图形，通过图像输入设备或光电扫描设备自动识读以实现信息自动处理。

在许多种类的二维条码中，常用的码制有：Data Matrix、Maxi Code、Aztec、QR Code、Vericode、PDF417、Ultracode、Code49、Code16K 等。

（1）堆叠式/行排式二维条码，如 Code16K、Code49、PDF417 等，如图 7-1 所示。

（2）矩阵式二维码，是相对于条形一维码来说的，采用 QR Code（quick response code），如图 7-2 所示。

图 7-1　二维条码示例　　　　图 7-2　矩阵二维码示例

它的优点有：二维码存储的数据量更大；可以包含数字、字符，及中文文本等混合内容；有一定的容错性（在部分损坏以后可以正常读取）；空间利用率高等。具有超高速识读、全方位识别的特点，且有较强的纠错能力，对变脏和破损的适应能力强，适用于工程实际环境。

7.1.2　建筑 BIM＋二维码技术

建筑 BIM＋二维码技术是一种基于 BIM 技术的二维码技术在装配式建筑设计、生产和施工阶段中的应用框架及平台，利用二维码等技术实现构件在建筑设计阶段、工厂预制阶段和施工建造阶段的信息交互和有效流通；集成 BIM 信息和二维码技术以提供实际构件和 BIM 模型之间无缝信息流的可行性。

装配式结构工程质量管理的建筑 BIM＋二维码技术，包含规划设计、构件生产、建造施工等 3 个阶段，其信息技术路线如图 7-3 所示。

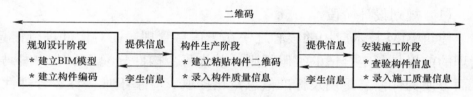

图 7-3　装配建筑工程质量 BIM＋二维码技术路线图

图纸设计阶段向预制构件的生产阶段提供构件的设计基本信息，而生产阶段通过质检信息的录入反向孪生、丰富设计阶段 BIM 模型信息。同时，设计阶段生成的 BIM 模型信息和生产阶段产生的构件质量信息进一步提供给安装施工阶段，供其进场查验、签收。而装配式结构施工阶段亦通过录入施工信息、施工数据、质量检测数据等，反向数据孪生进一步丰富竣工 BIM 模型信息、质量信息。

在整个生产、施工过程管理中，BIM 模型信息以二维码为载体在设计单位、生产单位、施工单位、监理单位等工程质量责任主体之间实现信息双向传输，有效解决信息孤岛问题。主要信息数据流程如图 7-4 所示。

其中，预制构件（柱、墙、叠合板底板、楼梯、阳台、遮阳板）信息是设计、生产、施工过程中数据交换的主体，孪生、反馈信息则用于提升构件信息真实性和可追溯性，反映结构工程实体质量。

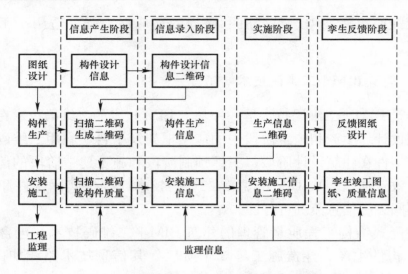

图 7-4　装配建筑工程质量信息流程图

（1）规划设计阶段

建筑 BIM 技术应用的核心之一在于信息管理，而对构件进行信息管理的前提是制定合适的编码规则，并为每个构件分配 1 个唯一编码，从而方便构件信息重用及标准信息量化提取。应基于唯一性、合理性、简明性原则，结合实际情况，对构件类别进行编码。

BIM 模型和二维码设计完成后，可向业主和建筑施工承包方进行数字化交付。

（2）构件生产阶段

业主和建筑施工承包方在接收由设计方移交的设计文件后，可根据生产方法、生产设备、生产厂家等方面的不同，对设计文件中的 BIM 模型和二维码进行单项系统或区域分发。生产厂家接单后，将二维码信息与构件订单、建筑信息等进行核对，并反馈校核信息。

在构件生产阶段，生产构件出厂前，生产方为构件粘贴二维码。厂内质检人员通过扫描构件二维码将构件质检报告上传至后台数据库中，方便项目业主、监理、参建方随时随地查看，同时避免由信息遗漏、偏差等失误及设计变更等原因导致的损失和风险。

（3）安装建造阶段

预制构件入场时，现场施工人员查验、接收二维码信息，进行核对，检查构件是否满足相关要求，然后扫描构件二维码，同步登记进场签收信息及查看构件的技术信息、堆放注意事项，完成收货操作。利用二维码技术，使现场材料的配送、领料等环节更加精准和顺畅。

现场施工人员可通过手机等二维码扫描设备读取二维码信息，直接将构件运输至现场楼层指定位置，减少场内二次搬运及交叉施工，加快施工进度，减少劳动资源的投入。

构件安装时，安装人员扫描构件二维码查看构件信息、安装说明及在三维视图中的具体位置，避免可能的安装错误。而对于安装质量管理，需要较明确的施工安装标准加以指导。因此，构件安装前，根据施工图纸、相关规范、工程监理和业主的要求，相关人员编制较为详实的质量验收标准，形成预制构件安装质量保证体系，从而实现对预制构件安装过程中的质量预控。

质量检查阶段，验收人员检查构件安装、灌浆、钢筋帮扎、后浇混凝土是否满足要求，扫描二维码登记验收信息及验收人，实时查看施工工艺、施工责任人、监理责任等相关信息，实时监控预制装配工程实体质量，进一步提升构件及其装配的可追溯性，实现后续可能的质量责任追踪提供可靠依据。

7.1.3　建筑 BIM＋二维码技术应用进展

1. 预制构件的二维码技术

进场装配式结构工程的预制构件，包括预制的剪力墙、楼梯、叠合板底板、阳台等实现了构件二维码的覆盖，如图 7-5 所示。

预制构件二维码如图 7-6 所示，铭牌信息包括：项目名称、型号、楼号楼层、尺寸、方量重量、生产厂家。二维码内含技术质量的如 RFID 序号、PC 编号、工程名称、生产班组、产品信息、产品型号、楼号楼层、混凝土强度、PC 方量、混凝土量、PC 重量、保温体积、驻厂监理、项目驻场、制卡编号、制卡人、钢筋质检、质检人以及检验情况（即检验结论，是否合格），如图 7-6、图 7-7 所示，实现了预制构件质量的数字信息化和可追溯。

2. 装配式建筑预制构件设计的 BIM 技术应用

推进建筑产业现代化，推广 BIM 智能和装配式建筑，加快建筑信息模型技术在规划、勘察、设计、施工和运营维护全过程的集成应用，

(a) 预制剪力墙

(b) 预制叠合板底板

(c) 预制楼梯

(d) 预制阳台

图 7-5　装配预制构件二维码标识图

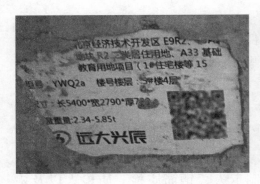

图 7-6　装配预制构件二维码图

实现工程项目和信息化管理，在应用中坚持标准化设计、工厂化生产、装配式施工、一体化装修，信息化管理，智能化应用的现代化建筑新模式。

图 7-7　装配预制构件二维码信息图

在完成建筑的方案设计和技术设计工作之后，进入到建筑设计的最后阶段，即建筑施工图绘制阶段。在该阶段，需要完成对建筑构件的添加和相关平面、立面、剖面模型的完善，并在施工图纸上明确标记建筑构件的具体尺寸、混凝土强度等级、配筋等技术参数，最后完成施工图的绘制工作。利用 BIM 技术在三维建筑模型效果图上增加相应的构件、材质，从而使装配式建筑项目相关人员能够清晰地识别预制构件的位置、技术参数等信息。

3. 建筑 BIM＋二维码技术应用展望

在装配式建筑工程施工中，应该积极推广应用建筑 BIM＋二维码技术，实现：

（1）设计阶段 BIM 设计，实现全信息管理，建立预制构件质量特性的 BIM 信息和二维码标识；

（2）在施工过程中推行实测实量二维码，包含：工程实体质量和观感实测实量。

工程实体质量包括：①量测部位；②构件灌浆连接；③后浇部分的钢筋；④模板；⑤混凝土等材料质量证明文件；⑥图纸设计情况；⑦加工安装（施作日期、分包商及作业班组、责任人、作业照片）情况；⑧验收（验收日期、验收人员、合格性结论、验收照片）情况；⑨混凝土回弹情况（强度、回弹时间、回弹人员、作业照片）等。

观感实测实量包括：①量测部位；②构件的尺寸；③平整度；④垂直度；⑤量测作业情况（量测人员、量测时间、量测照片）等。

（3）建立全构件、全过程、全要素的质量信息二维码，达到过程质量受控，提高工程质量管理水平和质量效果，真实反映工程实际，实现质量创效、质量可追溯。

7.2 基于区块链的工程质量协同管控

7.2.1 区块链技术

区块链（Blockchain）是比特币的一个重要概念，它本质上是一个去中心化的数据库，同时作为比特币的底层技术，是一串使用密码学方法相关联产生的数据块，每一个数据块中包含了一批次比特币网络交易的信息，用于验证其信息的有效性（防伪）和生成下一个区块。

区块链是分布式数据存储、点对点传输、共识机制、加密算法等计算机技术在互联网时代的创新应用模式。近年来，区块链的发展和应用，对技术革新和产业革命有非常重要的意义。

所谓区块链技术，简称 BT（Blockchain technology），也被称为分布式账本技术，是利用块链式数据结构来验证与储存数据、利用分布式节点共识算法来生成和更新数据，利用密码学的方式保证数据传输和访问的安全、利用由自动化脚本代码组成的智能合约来编程和操作数据的一种全新的分布式基础架构与计算范式；是一种互联网数据库技术，其特点是去中心化、公开透明，让每个人均可参与数据库记录。用区块链技术所串接的分布式账本能让两方有效记录交易，且可永久查验此交易。

其基本概念包括：

（1）交易（Transaction）：一次操作，导致账本状态的一次改变，如添加一条记录。

（2）区块（Block）：记录一段时间内发生的交易和状态结果是对

当前账本状态的一次共识。

（3）链（Chain）：由一个个区块按照发生顺序串联而成，是整个状态变化的日志记录。

狭义来讲，区块链是一种按照时间顺序将数据区块以顺序相连的方式组合成的一种链式数据结构，并以密码学方式保证的不可篡改和不可伪造的分布式账本，其结构如图 7-8 所示。

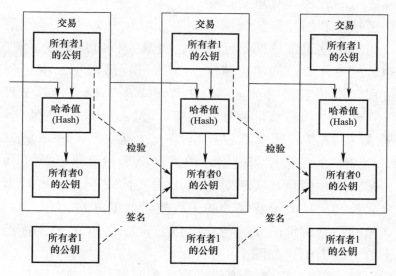

图 7-8　区块链结构

区块链技术的独有特征是传统信用体系所不具备，其特征如下：

（1）去中心化。密码学算法使整个系统不依赖于任何第三方机构，交易双方可直接对接完成，减少了冗余的中间环节，增强了交易安全性。

（2）去信任化。交易双方不再需要建立信任基础，区块链网络所有节点通过自动保存交易副本为交易共同背书。

（3）可溯源化。区块链包含了网络全部的历史交易信息，即交易内容信息、时间信息、交易双方信息等，这些信息按时间排列，为交易信息的溯源带来了可能性和保障。

（4）可监督性。区块链每个节点均持有副本，使任何人想要篡改交易记录变得极为困难；不可篡改性有效监督了交易双方的履约情况。

7.2.2 基于区块链技术的装配整体式结构工程质量协同管控

随着工程建设规模的不断扩大、牵涉利益主体的不断增多、建造流程复杂程度的不断提高，建筑建造过程出现质量稳定性差、质量安全问题频发、工作效率低下、经济纠纷增加、信息失真等问题，保证工程施工信息的准确、透明对于保证建筑工程质量、建筑诚信乃至建筑业持续稳定的发展具有重要作用。

区块链技术利用"算法证明机制"建立信任，大大降低信任建立的成本，为解决建筑市场的信任问题、提高工程质量提供了解决思路。

针对装配整体式结构工程建立一套质量管理模型。将工程质量形成的全过程，按照工程项目、单位工程、单项工程、分部工程、分项工程、一直到工序和检验批的划分顺序，层层分解，设置质量控制点。对每个质量控制点，建立产品—组织—过程（Product-Organizatiao-Process，POP）的三维控制模型，内嵌产品质量参数、施工和检验人员信息、施工过程信息，实现对建筑工程实体质量、人员行为和作业过程的全面控制，从而形成完整的工程质量数据体系。

建立预制预制构件的安装与连接施工质量的 POP 控制模型，以预制混凝土剪力墙为例，如图 7-9 所示。

P（产品）维从工程实体的角度描述预制混凝土剪力墙施工的各类监控点质量参数，包括预制构件及材料性能、几何尺寸、力学参数等；O（组织）维从参建人员的角度描述施工过程中的具体责任人，包括专业工长、施工班组长、专业质检员、技术负责人、监理工程师等；P（过程）维从施工过程角度描述预制剪力墙安装与连接的质量形成过程中的各个工序流程，包括吊装定位、临时固定、钢筋帮扎、浇筑连接部位混凝土、套筒灌浆、成活检验等。从而实现预制剪力墙安装与连接施工质量管理提供全面、完整的信息，及时发现质量问题、落实质量主体、追溯质量责任。

基于区块链技术，可将业主、工程勘察、设计、原材料供应、构件生产、施工、监理、政府监督等各参建方联合起来形成工程质量联盟，通过协调各方的数据上链，以质量信息分布式记账、互相检验、集体维护来杜绝质量信息失真、记录篡改现象，保证施工过程质量信息的客观、有效、真实地记录，符合实际、过程留痕。建立基于区块链技术的装配整体式结构工程质量协同管控，其结构如图 7-10 所示。

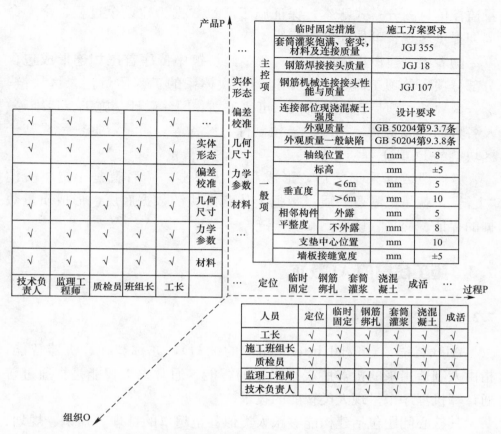

图 7-9　预制混凝土剪力墙安装与连接 POP 数据结构图

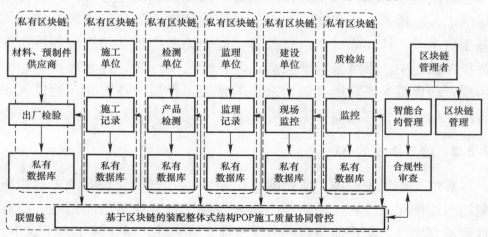

图 7-10　装配整体式结构工程质量协同管控结构图

以此类推，不断完成其他检验批等对象的区块建设，最终形成质量监控信息的分布式账本，保证施工质量数据为建设全过程、全寿命周期提供客观、可信和可溯源的支持。

随着工程建设进度的推进，众多区块链中依序首尾相连形成包含分部分项、单项工程、单位工程等层次体系的工程质量记录区块链。综合区块链中项目建设各阶段（可研策划、勘察设计、施工、运维等）及各方面（原材料、构配件、预制件、设备等）质量数据，形成基于区块链的 POP 工程质量档案。

各阶段数据采集之后，形成私有区块链，然后就是上链。所谓"上链"，就是把需要的质量数据上传到区块链数据底层，形成质量数据的存证、交易（读取）和联盟链。

7.3　施工质量的 AI 技术

7.3.1　AI 技术

AI（英语 Artificial Intelligence 的缩写），亦称智械、机器智能，指由人制造出来的机器所表现出来的智能。通常人工智能是指通过普通计算机程序来呈现人类智能的技术。

其核心问题包括建构能够跟人类似甚至超卓的推理、知识、规划、学习、交流、感知、移物、使用工具和操控机械的能力等。当前有大量的工具应用了人工智能，其中包括搜索和数学优化、逻辑推演。而基于仿生学、认知心理学，以及基于概率论和经济学的算法等等也在逐步探索当中。思维来源于大脑，而思维控制行为，行为需要意志去实现，而思维又是对所有数据采集的整理，相当于数据库，所以人工智能最后会演变为机器替换人类。

7.3.2　施工质量的 AI

装配式建筑工程施工质量的 AI，就是运用智能设备对施工过程质量进行智能化的监测、检测，消除人为操作量测设备的差错性、随意性和不真实性，实现质量数据的真实性、客观性，减少施工人工成本。

目前，建筑工程施工过程质量的 AI 仪器设备有：

156

（1）混凝土远程智能回弹分析系统。该系统运用混凝土强度智能回弹仪，如图 7-11 所示，该系统＋手机端＋互联网＋远程监控中心，实现混凝土强度多级、实时、远程监控。

图 7-11　智能型混凝土回弹仪

首先，通过施工现场混凝土强度智能回弹，自动采集数据，计算浇筑混凝土的强度。同时，绑定手机 APP，再通过互联网传输到远程的公司质量监控中心；实现现场和控制中心同步获取混凝土质量的相关数据，实时多级监控混凝土的实体质量，且采集的数据具有不可更改性。

（2）实测实量机器人。该设备可以对建筑墙面的垂直度与平整度、地面的平整度实现自动量测，采集垂、平数据，自动分析误差，可将测量数据自动生成表格并上传至客户端。该种设备主要有三维激光扫描仪 UCL360 和全自动量测机器人，如图 7-12、图 7-13 所示。

图 7-12　三维激光扫描仪 UCL360

图 7-13　全自动量测机器人

其测量范围为：墙面平整度、垂直度；阴阳角方正度；门洞口高、宽；房间开间、进深、净高、方正度、面积；地面平整度、水平度极差。

全程不需要人工参与记录数据，省时省力，还能避免任何人为引起的数据错误和造假。整个过程高效、便捷、智能、准确。

（3）钢筋探测仪。采用电磁感应法检测混凝土结构或构件中钢筋位置、保护层厚度及钢筋直径或探测钢筋数量、走向及分布；还可以对非磁性和非导电介质中的磁性体及导电体进行探测，如图 7-14、图 7-15 所示。

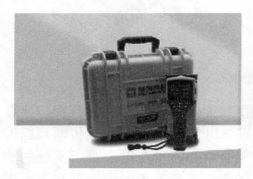 

图 7-14　一体式钢筋扫描仪　　　　图 7-15　钢筋检测仪

7.4　施工质量的数字孪生

7.4.1　数字孪生

数字孪生（Digital Twin）概念自 2002 年以来一直存在，并首次用于航天、制造和产品生命周期管理领域。它被美国宇航局用于月球探索任务和火星探测器。

数字孪生是充分利用物理模型、传感器更新、运行历史等数据，集成多学科、多物理量、多尺度、多概率的仿真过程，在虚拟空间中完成映射，从而反映相对应的实体装备的全生命周期过程。

Digital Twin 是一种超越现实的概念，可以被视为一个或多个重要的、彼此依赖的装备系统的数字映射系统。

数字孪生本质上是现实世界对象与其数字表示之间的链接，它不断使用来自传感器的数据。所有数据都来自位于物理对象上的传感器；该数据用于建立虚拟对象的表示。

数字孪生，也可用来指代将一个工厂的厂房及生产线，在没有建造之前，就完成数字化模型。从而在虚拟的赛博空间中对工厂进行仿真和模拟，并将真实参数传给实际的工厂建设。而工房和生产线建成之后，在日常的运维中二者继续进行信息交互。数字表示随后用于可视化、建模、分析、模拟和进一步规划。这些数据触发决策的反馈循环和影响真实对象系统控制过程的工作流变化。

7.4.2　建筑施工的数字孪生

"数字孪生建筑"是将数字孪生体使能技术应用于建筑科技的新技术，简单说就是利用物理建筑模型，使用各种传感器全方位获取数据的仿真过程，在虚拟空间中完成映射，以反映相对应的实体建筑的全生命周期过程。

BIM 是建筑领域创建和使用数字孪生体技术的工具，其通过赋予各物理建筑构件特有的"身份属性"，将城市、建筑、产品和人员结合起来，实现建筑工程建造（勘察、设计、施工）及运维、整个城市人居环境开发的智慧化管理，同时为建筑业带来全面的数字化变革和转型升级。

数字孪生建筑就是利用 BIM 和云计算、大数据、物联网、人工智能、虚拟仿真等数字孪生体使能技术，结合先进的精益建造项目管理理论方法，形成的以数字孪生体技术驱动的业务发展战略。它集成了人员、流程、数据、技术、业务系统和应用场景，管理建筑物从规划、设计开始到施工、运维的全生命周期，包括全过程、全要素、全参与方的以人为本的人居环境开发和美好生活体验的智慧化应用，从而实现目、企业、产业和数字孪生城市应用的生态体系全新建立，如图 7-16 所示。

对于建筑工程施工，使用数字孪生意味着始终可以访问实时同步的竣工模型和设计模型，如图 7-17 所示，能够根据 4D BIM 模型实时持续监控工程施工进度、质量和安全等情况，及时采集相关质量等信息数据，并对过程质量进行评估。通过图像处理算法可以通过视频或照片图像检查混凝土的状况。也可以检查柱子上的裂缝或施工现场的任何材料位移。这将触发额外的检查，从而有助于及早发现可能的问题。

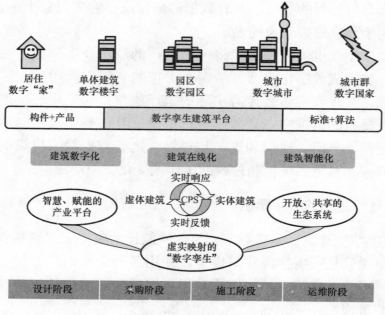

图 7-16　数字孪生建筑生态体系平台示例

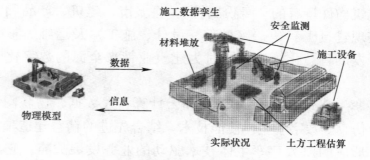

图 7-17　建筑施工数字孪生示例

通过使用基于计算机视觉技术和深度神经网络的多模态传感器数据和算法，可以获得建筑工地等物理模型的虚拟表示。通常使用各种类型的传感器来推断 3D 结构，又可以成功获取数字孪生所需的工程质量数据。

这些仪器设备，包括激光扫描仪（LIDAR）、雷达、热成像相机以及标准照片和视频相机等，如智能手机相机、延时摄影机、自助无人机和机器人、视频监控摄像机、头戴式摄像机和机身摄像头等等。

7.5　本章结语

随着建筑业转型升级、新型建筑工业化及新型建造方式的深入和开展，建立一个基于契约和信用基础上的建筑 BIM＋二维码＋区块链＋AI技术＋数字孪生的建筑建造数字体系是可靠的举措，具有下列主要优点：

（1）可实现建筑工程施工质量智慧化控制体系、有效的质量控制技术，更好地提升建筑工程产品品质，实现建筑工程质量的真实性、客观性、透明度和可追溯。

（2）可实现"以人民为中心"的思想，为人民提供质量可靠的、安全耐久的建筑产品。

（3）可充分体现契约精神和信用，实现生产关系的调节和再造，让建筑业建筑工程的设计与建造、建筑产品的销售、运维与安全进入一种良性循环。

参 考 文 献

［1］ 纪颖波. 建筑工业化发展研究［M］. 北京：中国建筑工业出版社，2011.

［2］ 住房和城乡建设部住宅产业化促进中心. 装配整体式混凝土结构技术导则［M］. 北京：中国建筑工业出版社，2015.

［3］ 李启明等. 建筑产业现代化导论［M］. 南京：东南大学出版社，2017.

［4］ 卢保树，张茜. 装配整体式混凝土结构工程施工（第二版）［M］. 北京：中国建筑工业出版社，2018.

［5］ 郭振兴，朱张峰，管东芝. 装配整体式混凝土结构研究与应用［M］. 南京：东南大学出版社，2018.

［6］ 江韩，陈丽华，吕佐超，娄宇. 装配式建筑结构体系与案例［M］. 南京：东南大学出版社，2018.

［7］ 汪杰，李宁，江韩等. 装配式混凝土建筑设计与应用［M］. 南京：东南大学出版社，2018.

［8］ 吴刚，冯健，刘明，王春林. 装配整体式混凝土结构［M］. 南京：东南大学出版社，2020.

［9］ 吴刚，冯德成，王春林. 新型装配整体式混凝土结构［M］. 南京：东南大学出版社，2020.

［10］ 朱张峰，郭正兴，汤类. 装配式混凝土混合连接剪力墙研究［M］. 南京：东南大学出版社，2020.

［11］ 李全旺，张望喜. 装配式混凝土结构抗强震与防连续倒塌［M］. 南京：东南大学出版社，2020.

［12］ 田庄等. 装配整体式混凝土结构工程施工［M］. 北京：中国建筑工业出版社，2015.

［13］ 陆飞虎，刘备. 装配整体式混凝土结构工程施工技术［M］. 合肥：合肥工业大学出版社，2016.

［14］ 谭玮，颜小锋，林健，赵旭，连长江. 装配整体式混凝土建筑结构技术与构造［M］. 北京：中国建筑工业出版社，2019.

［15］ 国家建筑标准设计图集. 预制钢筋混凝土剪力墙外墙板 15G365-1［S］. 北京：中国计划出版社，2020.

［16］ 国家建筑标准设计图集. 预制钢筋混凝土剪力墙内墙板 15G365-2［S］. 北京：中国计划出版社，2019.

［17］ 国家建筑标准设计图集. 预制钢筋混凝土板式楼梯 15G367-1［S］. 北京：中国计划出版社，2015.

［18］ 国家建筑标准设计图集. 预制钢筋混凝土阳台板、空调板及女儿墙 15G368-1［S］. 北京：中国计划出版社，2015.

［19］ 中国建筑业协会团体标准. 装配式混凝土建筑工程施工质量验收规范 T/CCIAT 0008—2019［S］. 北京：中国建筑工业出版社，2019.

［20］ 中国建筑业协会. 装配式混凝土建筑施工指南［M］. 北京：中国建筑工业出版社，2019.

［21］ 中国建设教育协会，远大住宅工业集团股份有限公司. 预制装配式建筑施工要点集［M］. 北京：中国建筑工业出版社，2019.

［22］ 中国建设教育协会，远大住宅工业集团股份有限公司. 预制装配式建筑施工要点集［M］. 北京：中国建筑工业出版社，2019.

［23］ 郭海山等. 新型预应力装配式框架体系［M］. 北京：中国建筑工业出版社，2019.

［24］ 北京市保障性住房建设投资中心，北京市城乡建设集团有限责任公司. 装配式混凝土剪力墙结构施工指南［M］. 北京：中国电力出版社，2020.

［25］ 江苏省住房和城乡建设厅，江苏省住房和城乡建设厅科技发展中心. 装配整体式混凝土结构设计指南［M］. 南京：东南大学出版社，2021.

［26］ 单炜，关锋. 装配式混凝土建筑施工技术［M］. 天津：天津大学出版社，2021.

［27］ 江苏省住房和城乡建设厅，江苏省住房和城乡建设厅科技发展中心. 装配式建筑技术手册（混凝土结构分册施工篇）［M］. 北京：中国建筑工业出版社，2021.

［28］ 彭圣浩. 建筑工程质量通病防治手册（第四版）［M］. 北京：中国建筑工业出版社，2020.

［29］ 上海市建设工程安全质量监督总站，上海市建设协会. 装配式混凝土建筑常见质量问题防治手册［M］. 北京：中国建筑工业出版社，2020.

［30］ 金孝全，唐祖萍. 装配式混凝土结构质量控制要点［M］. 北京：中国建筑工业出版社，2018.

［31］ 田玉香. 装配式混凝土建筑结构设计及施工图审查要点解析［M］. 北京：中国建筑工业出版社，2018.

［32］ 甘其利，陈万清. 装配式建筑工程质量检测［M］. 成都：西南交通大学出版社，2019.

[33] 吴松勤，高新京. 工程实体质量控制实施细则与质量管理资料（钢结构工程、装配式混凝土工程）[M]. 北京：中国建筑工业出版社，2019.

[34] 中华人民共和国国家标准. 混凝土结构通用规范 GB 55008—2021 [S]. 北京：中国建筑工业出版社，2021.

[35] 中华人民共和国国家标准. 混凝土结构工程施工规范 GB 50666—2011 [S]. 北京：中国建筑工业出版社，2011.

[36] 中华人民共和国行业标准. 装配式混凝土结构技术规程 JGJ 1—2014 [S]. 北京：中国建筑工业出版社，2014.

[37] 中华人民共和国行业标准. 钢筋套筒灌浆连接应用技术规程 JGJ 355—2015 [S]. 北京：中国建筑工业出版社，2015.

[38] 中华人民共和国国家标准. 混凝土结构工程施工质量验收规范 GB 50204—2015 [S]. 北京：中国建筑工业出版社，2015.

[39] 中华人民共和国国家标准. 房屋建筑和市政基础设施工程质量检测技术管理规范 GB 50618—2011 [S]. 北京：中国建筑工业出版社，2011.

[40] 中华人民共和国地方标准. 四川省装配式混凝土建筑设计标准 DBJ51/T 024—2017 [S]. 成都：西南交通大学出版社，2017.

[41] 中华人民共和国地方标准. 装配整体式混凝土结构设计规程 DBJ51/T 024—2014 [S]. 成都：西南交通大学出版社，2014.

[42] 毛志兵. 建筑工程新型建造方式 [M]. 北京：中国建筑工业出版社，2018.

[43] 罗赤宇，焦柯，吴文勇，金钊. BIM 正向设计方法与实践 [M]. 北京：中国建筑工业出版社，2019.

[44] 丁烈云. 数字化建造导论 [M]. 北京：中国建筑工业出版社，2020.

[45] 中国建筑业协会. 建筑业技术发展报告（2021）[M]. 北京：中国建筑工业出版社，2021.

[46] 武常岐，董小英，海广跃，凌军. 创变－数字化转型战略与机制创新 [M]. 北京：北京大学出版社，2021.

[47] 华为区块链技术开发团队. 区块链技术及应用（第二版）[M]. 北京：清华大学出版社，2021.

[48] 谢俊峰，谢人超，刘江，秦董洪，杨华. 区块链技术在智慧城市中的应用 [M]. 北京：中国工信出版社集团，人民邮电出版社，2021.

[49] 邓尤东. 建筑企业数字化与项目智慧建造管理 [M]. 北京：中国建筑工业出版社，2022.

[50] 李久林，魏来，王勇等. 智慧建造理论与实践 [M]. 北京：中国建筑工业出版社，2021.

[51] 王要武，陶斌辉. 智慧工地理论与应用［M］. 北京：中国建筑工业出版社，2022.

[52] ［美］周晨光，［译］段晨东，柯吉. 智慧建造－物联网在建筑设计与管理中的实践［M］. 北京：清华大学出版社，2022.

[53] 黄奇帆，王铁宏，朱岩，王广斌. 中国建筑产业数字化转型发展研究报告［M］. 北京：中国建筑工业出版社，2022.